全民健康安全知识丛书

化妆品安全知识必读

（第二版）

主　编　谷建梅

副主编　徐　姣　黄昕红

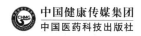

中国健康传媒集团

中国医药科技出版社

内 容 提 要

化妆品作为百姓生活的日常消费品，其需求量不断增大，已经使我国成为世界化妆品生产和消费大国。因此，提高化妆品安全意识、了解化妆品基础知识尤为重要。

本书基于 2021 年 1 月 1 日起实施的《化妆品监督管理条例》，对 2017 年出版的《化妆品安全知识读本》进行修订。全书从消费者的角度出发，以通俗易懂的语言从皮肤基础知识、化妆品基础知识、化妆品存在的安全风险、化妆品安全风险管控以及如何安全选用化妆品等方面对化妆品相关知识进行了简要介绍，以问答形式对上述常见问题进行了简要分析和解答，目的在于树立消费者选用化妆品的安全意识，并能够利用所了解的化妆品相关知识正确选择和使用化妆品，确保化妆品的使用安全，适合广大读者参考阅读。

图书在版编目（CIP）数据

化妆品安全知识必读 / 谷建梅主编 . — 2 版 . — 北京：中国医药科技出版社，2021.7

（全民健康安全知识丛书）

ISBN 978-7-5214-2433-1

Ⅰ . ①化…　Ⅱ . ①谷…　Ⅲ . ①化妆品 – 安全管理 – 普及读物　Ⅳ . ① TQ658–49

中国版本图书馆 CIP 数据核字（2021）第 075728 号

美术编辑　陈君杞
版式设计　也 在

出版　**中国健康传媒集团** | 中国医药科技出版社
地址　北京市海淀区文慧园北路甲 22 号
邮编　100082
电话　发行：010-62227427　邮购：010-62236938
网址　www.cmstp.com
规格　710×1000 mm $^1/_{16}$
印张　10
字数　185 千字
初版　2017 年 4 月第 1 版
版次　2021 年 7 月第 2 版
印次　2021 年 7 月第 1 次印刷
印刷　三河市万龙印装有限公司
经销　全国各地新华书店
书号　ISBN 978-7-5214-2433-1
定价　**28.00 元**

获取新书信息、投稿、为图书纠错，请扫码联系我们。

前　言

　　化妆品是满足广大人民群众对美好生活追求的日常消费品。随着科学技术的迅猛发展，化妆品行业作为朝阳产业也随之得到了突飞猛进的发展。然而，一系列的化妆品安全隐患也引起了人们的重视。为了提高消费者化妆品安全意识，普及选用化妆品的基础知识，2017年4月《化妆品安全知识读本》一书面市，为消费者了解化妆品安全知识提供了一个便捷通道。

　　2020年6月29日，国务院颁布了《化妆品监督管理条例》(以下简称《条例》)，并已于2021年1月1日起施行。这是我国化妆品发展史上具有里程碑意义的大事。《条例》的颁布实施，必将进一步规范化妆品生产经营活动，加强化妆品监督管理，保证化妆品质量安全，促进化妆品产业健康发展，更好地保障消费者权益。基于《条例》的颁布施行，《化妆品安全知识读本》的修订工作随之开展。本次修订具有以下三个特点。

　　1. 保留原有编写体例及主要编写内容：本书仍以问答形式，对化妆品使用存在的安全风险、化妆品安全风险管控、化妆品的基础知识以及如何安全选择和使用化妆品等基础知识以通俗易懂的语言展现给消费者，力求消费者通过对这些基础知识的了解，提高化妆品选用的安全意识，了解选购化妆品的注意事项，学会科学合理地使用化妆品，避免由于化妆品的选用不当而给自身带来安全风险。

2. 参照《条例》更新相应内容：根据《条例》，对原书中的相应内容进行更新，以符合国家法律法规要求。

3. 根据《条例》及国家药品监督管理局官网发布的相关公告增加相应内容：如将《条例》中相关内容添加至"化妆品安全风险管控"篇章中，便于消费者更清楚地了解国家对化妆品行业的监督管理政策。同时，将国家药品监督管理局官网发布的有关化妆品安全风险的公告内容添加到本书"化妆品安全风险篇"章，进一步提高消费者的化妆品安全意识，为消费者安全选用化妆品提供合理建议。

本书适合普通消费者以及所有喜爱化妆品的人士阅读，也可作为化妆品行业及美容领域从业人员的参考用书。由于编写时间仓促，难免会有不足之处，欢迎业界同仁及广大读者提出宝贵意见。

编者

2021 年 3 月

目 录

皮肤基础知识篇

皮肤由哪些基本结构组成 / 2

表皮由哪些基本结构组成 / 2

为什么说角质层是人体的天然屏障 / 4

什么是角质形成细胞 / 5

真皮由哪些基本结构组成 / 5

皮肤附属器各有哪些功能 / 7

皮脂膜是什么，有何作用 / 8

皮肤有哪些生理功能 / 8

常见的皮肤类型有哪些 / 9

皮肤颜色是由哪些因素决定的 / 11

什么是表皮通过时间 / 12

什么是皮肤纹理与皮肤张力线 / 12

什么是经皮失水，与皮肤含水量有什么关系 / 13

为什么皮肤随年龄增长会越来越干燥，

应如何预防 / 13

影响皮肤含水量的因素主要有哪些 / 15

为什么一定要做好皮肤防晒 / 16

过度的紫外线照射对皮肤有哪些伤害 / 17

黑色素的"功"与"过"有哪些 / 18

皮肤衰老的原因及特点有哪些 / 19

影响化妆品渗透吸收的皮肤因素有哪些 / 20

化妆品基础知识篇

什么是化妆品 / 24

化妆品有哪些基本作用 / 24

化妆品有哪些种类 / 25

特殊化妆品与普通化妆品有何不同 / 26

化妆品与外用药品有什么区别 / 28

什么是药妆品 / 28

什么是"械字号面膜" / 29

什么是 OEM 化妆品 / 30

油性原料在化妆品中有哪些作用 / 31

油性原料有哪些类别，各有何特点 / 32

粉底类产品中发挥遮瑕作用的原料是什么 / 32

酒精在化妆品中有什么作用 / 33

表面活性剂在化妆品中有哪些作用 / 34

表面活性剂有哪些类别，各有什么特点 / 36

化妆品中的流变调节剂是什么 / 36

水溶性聚合物在化妆品中具有哪些作用 / 37

化妆品中的防腐剂有安全风险吗 / 38

化妆品中的香精与香料有区别吗 / 39

化妆品中乳剂类产品有哪些，各有何特点 / 42

化妆品中水剂类、油剂类、凝胶类产品

　各有何特点 / 43

常用的洁肤产品有哪些 / 44

化妆品中起保湿作用的物质有哪些 / 47

防晒化妆品中的防晒剂有哪几类 / 48

什么是防晒化妆品的防晒标识 / 49

美白祛斑类化妆品的作用机制是什么 / 51

美白祛斑类化妆品中有哪几类功能性成分 / 52

抗衰老化妆品的功能性原料有哪几类 / 53

目前市场上的洗发产品有哪些 / 54

常用的护发产品有哪些 / 55

发胶和摩丝有什么区别 / 55

染发产品中的染发剂有哪几类 / 56

寡肽 -1 和人寡肽 -1 有何区别，二者均可
用作化妆品原料吗 / 58

化妆品安全风险篇

为什么安全性是化妆品的首要特性 / 60

化妆品的安全隐患来自哪些方面 / 61

化妆品可能引起的不良反应有哪些 / 63

化妆品引起的接触性皮炎有什么特点 / 63

什么是化妆品光接触性皮炎 / 64

色素异常性皮肤病与化妆品有关吗 / 65

化妆品引起的甲损害有哪些特点 / 66

化妆品引起的接触性唇炎有哪些特点 / 66

化妆品引起的毛发损害有哪些特点 / 67

化妆品引起的痤疮有哪些特点 / 67

什么是化妆品不耐受 / 68

化妆品会引起激素依赖性皮炎吗 / 69

哪类化妆品中可能会被违规添加激素类物质 / 71

化妆品有可能导致哪些重金属中毒 / 73

化妆品有致癌风险吗　　　　　　　　　　　　　/ 76

什么是换肤综合征　　　　　　　　　　　　　　/ 78

牙膏中含有哪些对人体有潜在危险的物质　　　　/ 79

使用染发产品时会出现哪些不良反应　　　　　　/ 81

染发产品中含有哪些对人体有安全风险的物质　　/ 82

染发产品中被禁用的邻氨基苯酚究竟是什么　　　/ 83

染发类产品存在哪些安全隐患　　　　　　　　　/ 83

祛斑美白类化妆品存在哪些安全隐患　　　　　　/ 86

防晒类化妆品存在哪些安全隐患　　　　　　　　/ 87

面膜类产品存在哪些安全风险　　　　　　　　　/ 89

中药作为化妆品原料有安全风险吗　　　　　　　/ 90

皮肤卸妆不及时会有哪些危害　　　　　　　　　/ 93

网购化妆品安全吗　　　　　　　　　　　　　　/ 94

"无添加"化妆品一定安全吗　　　　　　　　　　/ 95

化妆品安全风险管控篇

什么是化妆品新原料　　　　　　　　　　　　　/ 98

什么是化妆品的禁用组分及限用组分　　　　　　/ 99

什么是化妆品的准用组分　　　　　　　　　　　/ 100

我国化妆品应做哪些微生物学检测项目　　　　　/ 101

我国化妆品应做哪些卫生化学检验项目　　　　　/ 102

化妆品人体安全性评价包括哪些内容　　　　　　/ 102

化妆品产品在安全性上应满足哪些通用要求　　　/ 103

化妆品质量检验中的感官指标和理化指标

　　主要包括哪些内容　　　　　　　　　　　　/ 105

什么是化妆品注册人、备案人　　　　　　　　　/ 106

申请特殊化妆品注册或进行普通化妆品备案
　　应提交哪些资料　　　　　　　　　　　／106

化妆品标签上必须标注哪些内容　　　　　／107

在化妆品宣传中禁止出现哪些词语或内容　／108

化妆品企业对产品功效的宣称是否可靠，
　　国家对此如何监管　　　　　　　　　　／109

国家药品监管部门对化妆品行业的生产和
　　经营活动如何进行监管　　　　　　　　／109

国家药品监管部门如何对化妆品引起的不良
　　反应及安全风险进行监控　　　　　　　／110

我国对网售化妆品的质量安全如何管控　　／111

化妆品安全选用篇

如何根据化妆品标签判断化妆品的合法性　／114

如何通过网络渠道查询化妆品的合法性　　／115

怎样通过感官选择化妆品　　　　　　　　／116

不同剂型的化妆品应如何挑选　　　　　　／117

清洁、护肤、彩妆、指甲类化妆品该如何挑选　／118

怎样判断化妆品是否变质　　　　　　　　／119

在中国销售的外资品牌化妆品都是进口的吗　／120

你购买的进口化妆品有许可标志吗　　　　／121

正规进口化妆品的中文标签应包含哪些信息　／121

怎样通过感官识别假冒进口化妆品　　　　／122

如何解读化妆品成分表　　　　　　　　　／122

化妆品成分表中的各种成分都有什么作用　／123

选购儿童用化妆品时应遵循哪些原则　　　／125

使用儿童化妆品时应注意什么　　　　　　／126

婴幼儿可以选用防晒产品吗 / 127

孕妇在选择化妆品时应注意哪些问题 / 127

敏感性皮肤在选用化妆品时应注意什么 / 129

皮肤敏感者如何使用洁面乳和其他清洁产品 / 130

皮肤敏感者如何使用化妆水 / 130

皮肤敏感者如何选用保湿产品 / 131

皮肤敏感者如何选用防晒产品 / 131

痤疮患者如何选用清洁产品 / 131

痤疮患者如何选用化妆水 / 132

痤疮患者如何选用保湿产品 / 132

痤疮患者如何选用防晒产品 / 133

痤疮患者选用化妆品时应注意什么 / 133

怎样选购适宜的洁面产品 / 134

怎样选用适宜的卸妆产品 / 135

卸妆时有哪些注意事项 / 136

怎样选购适宜的保湿化妆品 / 136

如何选用防晒化妆品 / 138

如何正确使用防晒产品 / 139

选用祛斑美白化妆品时应注意哪些问题 / 140

延缓皮肤衰老有哪些有效手段 / 142

日霜与晚霜有区别吗 / 143

选用染发产品时应注意哪些问题 / 144

牙膏泡沫越多越好吗，选用牙膏时应注意什么 / 146

化妆品越贵越好吗 / 147

购买化妆品时常见的不良习惯有哪些 / 148

使用化妆品时常见的不良习惯有哪些 / 149

皮肤基础知识篇

　　化妆品是直接作用于人体表面的日用产品，对于皮肤用化妆品来讲，只有了解皮肤相关的基础知识，在选择及使用化妆品时才能做到安全、有效。下面我们就带着问题，走近皮肤，揭开皮肤的面纱，去认识它、解读它。

皮肤由哪些基本结构组成

皮肤覆盖于人体表面，是人体抵御外界不良因素侵扰的第一道防线。它是人体最大的器官，成年人全身皮肤面积是 1.5~2.0m²，重量约占体重的16%。

皮肤的组织结构由外至里可分为表皮、真皮和皮下组织三层。同时皮肤中还附带有毛囊毛发、汗腺、皮脂腺及指（趾）甲等附属器官，另外还含有丰富的神经、血管、淋巴管及肌肉组织。

表皮处于皮肤的最外层，它决定了皮肤的原始外观状态，如干燥或柔润、黝黑或白净等。真皮对于皮肤的弹性、光泽及紧实度等可产生直接影响。皮下组织又称为"皮下脂肪层"，位于真皮下方，具有保温防寒、缓冲外力的作用；同时，它也会影响皮肤的饱满程度，分布均匀的皮下脂肪可使女性展现曲线丰满的优美身材，太多或分布不均匀的皮下脂肪则会使之显得臃肿，而皮下脂肪过少则会给人一种干瘪及皱褶的皮肤外观状态。

表皮由哪些基本结构组成

表皮作为皮肤的最外层，厚度为 0.1~0.3mm，由多层大小不同的鳞状上皮细胞组成，这些细胞由表皮的最内层（基底层）发育而来。基底层细胞分裂产生的新细胞一列一列向上移行至表皮的最外层即角质层，新生细胞在向上移行至不同层次的过程中，其大小、形态均发生了变化，因而先后形成了表皮的各层，从内到外依次分为基底层、棘层、颗粒层、透明层和角质层五层。表皮各细胞层具有不同的特点。

1. 基底层

基底层是表皮的最内层，附着于基底膜上，由一列相互平行的柱状细胞组成，这些细胞称为"基底细胞"。基底细胞的分裂、增殖能力很强，是表皮各层细胞的生成之源，新生的细胞在向表皮上方浅层移行过程中逐渐分化，形成表皮其余几层的细胞，故基底层又称为"生发层"。在皮肤破损时，基底细胞通过分裂增生而使破损处得以修复，并且不会留下任何痕迹。

2. 棘层

棘层位于基底层之上，是表皮中最厚的一层，由4~8层不规则的多边形体积较大的细胞组成，因其向四周伸出许多细短的突起，故称为"棘细胞"。

3. 颗粒层

颗粒层位于棘层之上，由2~4层较为扁平的梭形细胞组成。由于此层细胞内含有许多大小不等、形状不规则的透明角质颗粒，故有"颗粒层"之称。由基底层向上移行而来的表皮细胞在这一层发生较大的代谢变化，既可合成角蛋白，又是形成角质层细胞、向死亡转化的开始，因此它起着向角质层转化的所谓过渡层的作用。表皮细胞经过此层后完全角化，失去了细胞核，转化成无核的透明层或角质层。

在颗粒层内部的上层，部分细胞间隙中充满了疏水性的脂类物质，形成了一个防水屏障，一方面使水分不易从体外渗入，另一方面也阻止表皮内水分向角质层渗透，对皮肤内水分含量的相对恒定具有重要作用，但同时也致使角质层细胞的水分含量显著减少，成为角质细胞死亡的原因之一。

4. 透明层

透明层位于颗粒层之上、角质层之下，仅存在于手掌和足趾处，由2~3层无核的透明细胞组成，有防止水及电解质通过的屏障作用。

5. 角质层

角质层位于表皮的最外层，由多层已经完全角化的死亡细胞组成。作为人体抵御外界不良刺激的第一道屏障，角质层细胞的细胞膜厚而坚固，细胞内充满密集平行的角蛋白丝，使角质层对多种物理和化学性刺激具有很强的耐受力，能阻挡异物和病菌侵入，并能防止体内组织液向外流失。在代谢过程中，靠近皮肤表面的角质层细胞会逐渐脱落，形成我们日常所称的皮屑。

角质层的状态直接决定了皮肤的外观状态，如角质层过厚，皮肤就会显得晦暗无光；若角质层含水量过低，则会导致皮肤出现干燥、脱屑等现象。

表皮由基底层到角质层的结构变化，反映了表皮细胞由分裂增殖、上移、分化到脱落的过程，同时也是细胞逐渐生成角蛋白和角化的过程。基底层细胞不断分裂增殖形成新细胞，而角质层最外层细胞则不断脱落，细胞的这种不断脱落和更新的过程，形成了表皮的新陈代谢，周而复始。

为什么说角质层是人体的天然屏障

因为一方面角质层为表皮的最外层，包覆在人体的表面；另一方面角质层细胞的细胞膜厚而坚固，细胞内充满了密集平行的角蛋白丝，这些细胞上下重叠，镶嵌排列组成板状层结构，非常坚韧，构成人体的天然保护层，能够阻挡异物和病菌侵入，对多种物理和化学性刺激具有很强的耐受力，并能防止体内组织液向外流失，所以角质层为人体的天然屏障。

然而，并非角质层越厚越好。正常情况下，角质层靠近皮肤表面的细胞会逐渐脱落，同时角质层下方会不断有新的细胞形成角质细胞补充到角质层，不断新陈代谢，使表皮厚度保持相对稳定的状态。如果皮肤表面角质细胞不能正常脱落，导致角质层增厚，皮肤就会显得晦暗无光，并且化妆品的成分也不易被皮肤吸收。此时应去除过厚的角质，促进表皮新陈代谢，恢复皮肤的正常状态。同时，角质层的含水量也决定了皮肤的水润程度，若角质层含水量过低，皮肤就会出现干燥、脱屑等现象。

什么是角质形成细胞

组成表皮各部分（除角质层外）的细胞可分为角质形成细胞和树突状细胞两大类。

树突状细胞在形态上有树枝状突起，散在分布于角质形成细胞之间，可分为朗格汉斯细胞、黑素细胞和梅克尔细胞三种。朗格汉斯细胞分布在表皮的棘细胞层，黑素细胞位于基底层，梅克尔细胞仅见于口腔与生殖器黏膜等特殊部位皮肤的基底层。

角质形成细胞又称"角朊细胞"，是表皮的主要细胞，约占表皮细胞的80%。在表皮的不同细胞层中，除上述树突状细胞和角质层细胞外，从基底层、棘层一直到颗粒层的细胞均为角质形成细胞，因为这些层的细胞最终都会形成角质细胞，所以才有"角质形成细胞"之称，而不同表皮层的细胞只是处在形成角质层过程中的不同阶段而已。

真皮由哪些基本结构组成

真皮位于表皮下方，通过基底膜与表皮基底层细胞相嵌合，对表皮起支撑作用。其主要由纤维状蛋白质、基质和细胞组成，分为乳头层和网状层两层。乳头层位于浅层，较薄，纤维细密，内含丰富的毛细血管、淋巴管、神经末梢及触觉小体等；网状层位于深层，较厚，纤维粗大交织成网，并含有较大的血管、淋巴管及神经等。

1. 纤维状蛋白质

蛋白质是一种体积很大的分子，为高分子有机化合物，呈链状结构，就像一根长绳子。两个蛋白质分子靠近时，会黏合缠绕在一起，形成更粗的"绳子"并继续与靠近的其他蛋白质相互吸引缠绕，最终构成我们在显微镜下观察到的纤维状物质。不同蛋白质构成的纤维的性能也不一样，有的弹性高，有的刚性强。真皮内的纤维状蛋白质主要有胶原纤维、弹力纤维和网状纤维三种。

胶原纤维：是真皮纤维的主要成分，约占 95%。胶原纤维具有韧性大、抗拉力强的特点，能够赋予皮肤张力和韧性，抵御外界机械性损伤，并能储存大量水分。浅在乳头层的胶原纤维较细且方向不一，而深部网状层的胶原纤维变粗，与皮肤平行交织成网。

弹力纤维：构成弹力纤维的弹性蛋白分子具有卷曲的结构特点。在外力牵拉下，卷曲的弹性蛋白分子伸展拉长，而除去外力后，被拉长的弹性蛋白分子又会恢复为卷曲状态，就像弹簧一样。因此，弹力纤维富有弹性，但韧性较差，多与胶原纤维交织缠绕在一起。乳头层弹力纤维的走向与表皮垂直，使皮肤受到触压后能够弹回原位；而网状层弹力纤维的走向与胶原纤维相同，与皮面平行，使胶原纤维经牵拉后恢复原状，让皮肤具有横向的弹性和顺应性，对外界机械性损伤具有防护作用。

网状纤维：为较幼稚的纤细胶原纤维，在真皮中数量很少。

2. 基质

基质是一种无定形物质，充满于胶原纤维及弹力纤维等纤维束的间隙内，具有连接、营养和保护作用。其含有的透明质酸及硫酸软骨素等糖胺聚糖（黏多糖）类物质可与水结合，防止水分丢失，使皮肤水润充盈。

3. 细胞

真皮中还含有一些功能细胞，其中成纤维细胞既能合成和分泌胶原蛋白、弹性蛋白，生成胶原纤维、网状纤维及弹力纤维，又能合成和分泌透明质酸及硫酸软骨素等糖胺聚糖及糖蛋白类基质成分，对皮肤的弹性及抗拉性具有重要作用。

皮肤附属器各有哪些功能

皮肤附属器主要有皮脂腺、汗腺、毛囊毛发及指（趾）甲等。这里主要介绍皮脂腺和汗腺的功能。

1. 皮脂腺

皮脂腺是合成和分泌皮脂的一种腺体，几乎遍布全身，特别是头皮、面部、前胸等部位分布较多。由于其多数开口于毛囊上部，所以分泌出的皮脂通过毛囊口排泄至皮肤表面，用以润泽皮肤和毛发。分泌出的皮脂中约50%是三酰甘油和二酰甘油，其次是蜡类、胆固醇和角鲨烯等。同时皮脂中还含有一定的微生物，它们会将皮脂中的酯类物质分解为脂肪酸，从而使皮肤表面呈弱酸性状态。

一般情况下，多数人体皮脂分泌量适中，但从步入中老年期开始，皮脂腺功能逐渐衰退，皮脂分泌量开始减少，尤其是女性绝经及男性70岁后，皮脂分泌量会明显减少，使皮肤处于过度干燥的状态。另外，皮脂腺集中的地方是寻常痤疮和酒渣鼻的好发部位。

需要注意的是，过度清洁皮肤，会使皮肤表面的皮脂膜变薄，易造成皮脂分泌增加，所以对于皮脂分泌较多的油性皮肤来说，不宜使用清洁力过强的洁面产品，以免更加促进皮脂的分泌。

2. 汗腺

汗腺分为小汗腺和大汗腺两类。小汗腺几乎遍布全身，其分泌的汗液成分除极少量的无机盐外，几乎全部是水，具有调节体温、柔化角质层和杀菌作用。大汗腺又称为"顶泌汗腺"，是较大的管状腺体，仅存在于人体特殊部位，如腋窝、脐窝、乳晕、外阴及肛门四周等。大汗腺不具有调节体温的作用，其分泌汗液受性激素的影响，在性成熟前呈静止状态，而在青春期后分泌旺盛，分泌汗液的成分也与小汗腺不同，为一种无臭的较黏稠的乳状液，除水分外，还含有蛋白质、糖、脂肪酸等有机物质。被排泄到皮肤表面的这些有机物质被某些细菌分解后，可产生像狐臭一样的特殊气味，这就是人们平时所说的"狐臭"，所以有些人身上带有狐臭气味，就是由于大汗腺分泌的汗液在细菌的作用下而产生的。

皮脂膜是什么，有何作用

由皮脂腺分泌到皮肤表面的皮脂与汗腺分泌出的汗液在皮肤表面共同形成的乳状脂膜，称为"皮脂膜"。皮脂膜包覆在皮肤表面，能够滋润皮肤，防止角质层内水分蒸发，可以起保湿的作用。另外，由皮脂腺分泌的皮脂在微生物的作用下呈弱酸性，不利于病菌的生存和繁殖，因此在完整、健康的皮肤上，病菌是难以生存、繁殖的，也是难以侵入人体的。皮脂膜的丧失会导致皮肤干燥及抵抗力下降。

我们平时每天使用的具有保湿作用的膏霜、乳液里既含有类似皮脂的油性成分，又含有大量的水分，涂抹到皮肤上，能够起到模拟皮脂膜的作用。所以，对于皮脂分泌量较少，导致皮肤表面皮脂膜量过少的干性皮肤或老年性皮肤来说，在选择保湿产品时，适宜选择油性成分含量稍大的，以弥补皮肤表面皮脂膜含量的不足。

皮肤有哪些生理功能

皮肤作为人体最大的器官，具有多方面的功能，主要体现在以下几方面。

1. 保护功能

正常皮肤表面呈弱酸性，不利于细菌的繁殖；角质层致密坚韧的结构可以抵御外界各种物理、化学等有害因素对皮肤的侵袭；真皮下较厚、疏松的皮下脂肪层具有缓冲作用，能减轻外力的冲击和挤压，对皮肤及深部组织器官具有保护作用。

2. 吸收功能

人体皮肤虽然具有屏障作用，但不是绝对严密无通透性的，它可以选择吸收一些来自外界的营养物质。皮肤吸收外界物质的主要屏障是角质层，以通过角质细胞间隙为主要途径，脂溶性物质更容易被角质层吸收。

3. 分泌与排泄功能

皮肤的分泌与排泄功能主要是通过汗腺和皮脂腺完成的，汗腺排泄汗液，皮脂腺分泌皮脂。

4. 感觉功能

皮肤内含有丰富的感觉神经末梢，可感受外界的各种刺激，产生各种不同的感觉，如触觉、痛觉、压力觉、热觉、冷觉等。

5. 防晒功能

皮肤基底层中的黑色素细胞合成的黑素体能够吸收紫外线，降低紫外线对皮肤造成的伤害，防止长期紫外线照射引起的肌肤衰老。

6. 其他功能

除上述功能外，皮肤还有调节体温功能、代谢功能、免疫功能等。

常见的皮肤类型有哪些

根据皮肤角质层含水量、皮脂分泌量以及皮肤对外界刺激的反应性等因

素，人民卫生出版社出版的《皮肤性病学》（第 7 版）将皮肤分为以下五种类型。

1.中性皮肤

中性皮肤属于理想的皮肤状态。其角质层的含水量在 20% 左右，皮脂分泌适中，皮肤 pH 值为 4.5~6.5，皮肤紧致、光滑且富有弹性，毛孔细小且不油腻，对外界环境不良刺激的耐受性较好。这种皮肤多见于青春期前的人群。

2.干性皮肤

干性皮肤的角质层含水量低于 10%，皮脂分泌少，pH 值 >6.5。此类皮肤由于缺乏皮脂，难以保持水分，故既缺水又缺油，虽然肤质细腻，但肤色晦暗，干燥且有细小皱纹，洗脸后紧绷感明显。老年人的皮肤多为此种类型，年轻人干性皮肤多为缺水，皮脂含量可以是正常、过多或略低。

3.油性皮肤

油性皮肤皮脂分泌旺盛，pH 值 <4.5，皮肤弹性好，不易出现皱纹，但其皮脂的分泌量与其角质层的含水量（<20%）不平衡，使皮肤看上去油光发亮、毛孔粗大、皮肤色暗且无透明感，容易发生痤疮、毛囊炎及脂溢性皮炎等皮肤病。此种皮肤最常见于青春期及一些体内雄激素水平较高或具有雄激素高敏感受体的人群。

4.混合性皮肤

混合性皮肤兼有油性皮肤和干性皮肤的特点，即面中部（前额、鼻部、下颌部）为油性皮肤，双侧面颊及颞部为干性皮肤。

5.敏感性皮肤

敏感性皮肤也称为"敏感性皮肤综合征"，是一种高度敏感的皮肤亚健康状态。处于此种状态下的皮肤极易受各种因素的激惹而产生刺痛、烧灼、紧绷、瘙痒等主观症状。与正常皮肤相比，敏感性皮肤所能接受的刺激程度非常低，抗紫外线能力弱，甚至是水质的变化、穿化纤类衣物等都能引起其敏感性反应。此类皮肤的人群常表现为面色潮红、皮下脉络依稀可见。

皮肤颜色是由哪些因素决定的

正常的皮肤颜色决定于皮肤中的黑色素、胡萝卜素、氧合血红蛋白和脱氧血红蛋白含量，也与角质层的厚度和含水量、血流量、血液中氧含量等多种因素密切相关。

黑色素是决定人类皮肤颜色的最主要色素。它是在位于表皮基底层的黑素细胞内合成的，然后通过黑素细胞的树枝状突起被传递到邻近的角质形成细胞内，并随角质形成细胞向表皮上层移动，从而影响皮肤颜色。

胡萝卜素是一种类胡萝卜色素，只能通过食物摄取。血液中的胡萝卜素很容易沉积在角质层，并在角质层厚的部位及皮下组织产生明显的黄色。女性皮肤中的胡萝卜素往往比男性多。

血红蛋白存在于红细胞中，能够与氧分子结合（称为"氧合血红蛋白"），将氧气从肺部输送到全身各组织中，氧合血红蛋白存在于动脉血中使血液呈鲜红色。脱氧之后的血红蛋白称为"脱氧血红蛋白"，在静脉血中使血液呈现深红色。血液的颜色能影响面颊等毛细血管丰富部位的皮肤颜色。

角质层较薄及含水量较多时，皮肤的透明度较好，能较多地透过血液颜色，从而使皮肤显出红色；相反，角质层较厚及含水量较低时，皮肤的透明度较低，皮肤呈现黄色。

虽然上述因素对皮肤颜色起决定性作用，但皮肤颜色也随种族和个体差异而有所变化，还与性别、年龄以及身体的不同部位等因素密切相关。其中种族不同，皮肤颜色的差别最大，大致可分为白色、黄色和黑色三类人种。白种人皮肤的表皮中黑色素含量很低，皮肤的透明度很高，氧合血红蛋白含量较高，皮肤呈现粉红色；黑种人皮肤中含有较多的黑色素，血液中的血红蛋白含量较低；黄种人皮肤内的黑色素吸收紫外线的能力较强。同时，男性皮肤的色素往往比女性丰富；老年人皮肤的色素比年轻人丰富；手掌及足跟的色素少，而阴部、乳头等部位的色素多。此外，皮肤颜色还会受健康和情绪压力的影响。

什么是表皮通过时间

从表皮基底层分裂产生的新生细胞向外移行至颗粒层需要 14 天，再移行到角质层并脱落需要 14 天，共需要 28 天，即一个表皮细胞从产生到死亡并脱离人体的一个周期所需时间为 28 天，我们称之为"表皮通过时间"或"表皮更替时间"。

表皮通过时间与美容有密切的关系。许多化妆品可以缩短表皮通过时间，促进表皮新陈代谢，从而达到美白祛斑的作用，如去角质产品等。但过度或频繁去角质可导致皮肤屏障功能降低，耐受外界微小刺激的能力减弱，导致皮肤敏感性增强。

什么是皮肤纹理与皮肤张力线

皮肤纹理是皮肤表面自然形成的很多隆起和凹陷的纹路，简称"皮纹"。在皮肤的真皮结构中，一束束弹性纤维和胶原纤维总是按照一定方向排列的，这种排列具有一定的走向，有的地方凹陷，有的地方凸起，从而构成了纹路，这是皮肤本身的皮纹。皱纹是另一种类型的皮肤纹理，它是由于皮肤的伸缩以及反复的表情肌伸张与收缩导致的，这是外界影响产生的皮纹。皮脂腺和汗腺分泌物能沿着皮纹的纹路扩展到整个皮肤表面，使皮肤变得柔润、富有弹性。皮纹与所在的部位有关，部位不同，走向和深度也不同，以面部、手掌、阴囊、颈部及关节活动处皮纹最深。皮纹细浅，则皮肤细腻而平滑。

皮肤自身的皮纹线就是皮肤张力线。人体部位不同，张力线走向不同。张力线是显微镜下可以观察到的皮肤隆起的地方，隆起处形成的皮纹又称为

"皮嵴"，凹陷处形成的皮纹又称为"皮沟"。在皮沟处有许多小孔，就是俗称的"汗毛孔"，它是汗腺导管（汗液排出的管道）开口处。皮肤自身的这种皮纹可以使皮肤拉伸，就像百褶裙一样，这也就是通常所说的皮肤具有伸缩性（延展性）。年轻、健康、光滑的肌肤的皮嵴、皮沟明显，皮纹清晰，皮肤的伸缩性强；而老化粗糙的肌肤的皮嵴、皮沟不明显，皮纹模糊，皮肤的伸缩性降低。在外科手术中顺着皮纹下刀，创口裂开小，愈合后瘢痕不明显。

什么是经皮失水，与皮肤含水量有什么关系

经皮失水又称为"透皮水蒸发"或"透皮水丢失"，是指真皮深部组织中的水分通过表皮蒸发散失。它是一种肉眼看不到的皮肤丢失水分的形式，其数值反映的是水从皮肤表面的蒸发量，是测评皮肤屏障功能的重要参数。健康皮肤的特性之一就是经皮失水量和皮肤水分含量之间保持一定的比例。而干燥皮肤的病理特点是皮肤的屏障功能降低，导致经皮失水量增加。使用具有修复皮肤屏障功能的保湿剂后，经皮失水量会降低。由此可见，经皮失水量是测评保湿产品保湿功效的一个重要参数。

为什么皮肤随年龄增长会越来越干燥，应如何预防

皮肤从表面上看起来是否干燥，主要取决于表皮角质层的含水量，其含水量在 10%~20% 时，皮肤看起来水润紧实、富有弹性，是最理想的皮肤状态；若角质层含水量在 10% 以下时，则皮肤干燥，呈粗糙状态甚至发生龟裂现象。

1. 皮肤保湿的机制

正常情况下，皮肤角质层中的含水量之所以能够保持相对恒定，主要源于四方面的作用：①皮肤表面皮脂膜的覆盖作用能够防止角质层内水分的过快蒸发；②角质层中含有一类保湿成分，称为"天然保湿因子"（NMF），这些天然保湿因子都是小分子的水溶性物质，能够与水分子以化学键的形式结合在一起，并且能够从周围环境（包括外界空气及表皮下的真皮组织）中吸收水分，使这些水分储存在角质层中，维持角质层的正常含水量；③真皮基质中的透明质酸等黏多糖类物质是一类亲水性的高分子物质，能够形成巨大的空间网络结构，并将水分子结合在网络内，使自由水变成结合水，具有锁水作用，以维持真皮组织中的正常含水量，当表皮中水分含量降低时，真皮水分会渗透到表皮，以补充角质层的含水量；④角质层的天然屏障作用既可以阻碍外界对人体有毒有害的物质通过皮肤侵入人体，同时也能防止体内水分通过皮肤而过度丢失。

2. 中老年人皮肤容易干燥的原因

随着年龄的不断增长，尤其进入中老年后，经皮失水量增加，皮肤感觉越来越干燥，主要原因如下：①皮肤组织中的皮脂腺和汗腺功能逐渐减退，导致皮脂和汗液的分泌量降低，使皮肤表面皮脂膜的量越来越少，皮脂膜对皮肤的覆盖及润泽作用大大降低；②角质层中的天然保湿因子以及真皮组织中的透明质酸类物质的含量逐渐减少；③角质层的天然屏障功能降低。以上三种原因均可导致角质层含水量降低，当其含水量低于 10% 时，皮肤处于缺水状态，可出现干燥、脱屑等现象，含水量越低，干燥程度越严重。

3. 保持皮肤水分，做到"两不要"

综上考虑，我们在日常皮肤清洁及美容的过程中应至少注意以下两点：①清洁皮肤时不宜选用脱脂力过强的产品，如一些使用起来泡沫较多的洁肤产品，过强的清洁力会将皮肤表面的皮脂膜洗去；②不宜频繁地过度使用去角质产品，适度地去除角质可以促进皮肤的新陈代谢，消除由于角质过厚而造成的皮肤晦暗粗糙现象，但是如果过度去除角质，会导致角质层变薄，使角质层的屏障功能降低，一方面使皮肤失水量增加，同时也使皮肤抵抗外界不良刺激的作用减低，增加了皮肤的安全隐患。

影响皮肤含水量的因素主要有哪些

皮肤含水量充足，则皮肤水润饱满，尤其是角质层的含水量会直接影响皮肤的表现状态，只有了解影响皮肤含水量的主要因素，才能有目的地从这些方面入手，确保角质层有适宜的含水量，使皮肤处于水润剔透的理想状态。影响皮肤含水量的因素主要有以下几方面。

1.年龄

婴幼儿皮肤的含水量最高，皮肤看起来非常水润、饱满、光滑，儿童到青少年时期人群角质层的含水量也明显高于成年人，而中青年人角质层的含水量又高于老年人。因此，从婴幼儿到老年，皮肤老化的过程伴随着皮肤水分的丢失、减少。

2.环境和季节

生活环境的空气干湿度对角质层含水量也有重要影响。当人体皮肤暴露在空气相对湿度低于30%的环境中30分钟后，角质层含水量就会明显减少。干燥环境可抑制角质层中天然保湿因子的合成，降低角质层的屏障功能，使角质层含水量降低。另外，冬季气候干燥，皮肤容易处于干燥缺水状态，而夏季气候潮湿，皮肤含水量往往比较充足。

3.生活习惯和精神压力

经常进行热水浴、使用强效的洁肤产品或肥皂都容易破坏皮肤表面正常的皮脂膜，影响皮肤的屏障功能，加重皮肤干燥。正确的饮水习惯也是保持皮肤适宜含水量的重要因素。另外，有研究表明，精神压力过大会延缓角质层细胞间隙中脂质的合成，导致角质层屏障功能降低，经皮失水量增加，加重皮肤干燥程度。

4. 物理和化学性损伤

物理性的反复摩擦会破坏角质层的完整性，如在使用磨砂膏去除面部角质时，由于其中含有微小粒状摩擦剂，若使用过程中摩擦力度过大或时间过长，包括使用磨砂膏过于频繁等，都有可能导致角质层受损，使皮肤的经皮失水量增加，出现皮肤干燥，尤其是干性皮肤和敏感性皮肤的人群在使用磨砂膏时更应谨慎。另外，在去角质的产品中还有一类是通过化学作用实现去角质目的的，如通过添加果酸类成分，果酸能软化角质层，剥离人体皮肤过厚的角质，促进皮肤新陈代谢，但过量的果酸会对皮肤产生较强的刺激性，降低角质层的屏障功能，使皮肤失水量增加。

5. 疾病和药物

一些疾病如维生素缺乏、蛋白质缺乏及某些皮肤病（特应性皮炎、湿疹、银屑病、鱼鳞病）、内科疾病（糖尿病）等，均会因皮肤屏障功能的缺陷而导致患者皮肤干燥。同时，局部外用某些药物也会影响皮肤的屏障功能，使皮肤含水量降低。

为什么一定要做好皮肤防晒

防晒作为日常皮肤护理必做的功课，已经被大多数消费者所认可。那么为什么要防晒？防晒的目的是什么呢？这就需要了解紫外线及其对皮肤的伤害等相关知识。

首先，什么是紫外线？紫外线（通常用 UV 表示）是日光中波长最短的一种光波，约占日光总能量的 6%，也是日光中对人体伤害的主要波段。其波长范围在 100~400nm 之间。根据其波长的长短又可分为三个波段：长波紫外线（UVA），波长为 320~400nm；中波紫外线（UVB），波长为 290~320nm；短波紫外线（UVC），波长为 100~290nm。

其次，紫外线对皮肤有哪些影响？不同波段的紫外线由于透射能力不同，所以对皮肤的影响也不同。UVA 段波长最长，透射能力最强，其透射程度可达皮肤的真皮深处，具有透射力强、作用缓慢而持久的特点。短时间内它可使皮肤出现黑化现象，被称为"晒黑段"，且长期作用会损害皮肤的弹性组织，促进皱纹生成，使皮肤提前老化。UVB 透射程度虽然不及 UVA，只能透射到人体表皮层，但其光子能量相对较高，在短时间内可导致皮肤表面的急性晒伤，表现为皮肤出现红斑、疼痛、自觉烧灼感，甚至水肿或水疱等，故被称为"晒红段"。它对皮肤的作用迅速，是导致皮肤急性晒伤的根源，会引起皮肤的光毒和光敏反应，也是导致紫外线晒伤的主要波段。UVA 和 UVB 照射过量，都会诱发皮肤癌变。UVC 透射力最弱，当太阳光通过大气层时，绝大部分 UVC 被大气阻留，所以不会对人体皮肤产生危害。可见，防止紫外线对皮肤造成伤害的主要波段是 UVA 和 UVB。

过度的紫外线照射对皮肤有哪些伤害

过度的紫外线照射对皮肤所造成的伤害主要有日晒红斑、日晒黑化以及光致老化、皮肤光敏感等。

1. 日晒红斑

日晒红斑也称为"日光灼伤"或"紫外线红斑"，它是由紫外线照射在局部而引起的一种急性光毒性反应，主要表现为皮肤出现红色斑疹，轻者伴有皮肤红、肿、热、痛，重者则会出现水疱、脱皮反应等。UVB 是导致皮肤日晒红斑的主要波段。由于日晒红斑发病较快，症状明显，所以能够被大多数人所重视。

2. 日晒黑化

日晒黑化是指皮肤经紫外线过度照射后，在照射部位会出现弥漫性灰黑色素沉着，边界清晰，且无自觉症状的现象。UVA 是诱发皮肤黑化的主要因素。虽然日晒黑化无自觉症状，但产生的色素斑会影响皮肤的美观，所以对于爱美人士以及想要美白的人群来说，做好皮肤防晒是必需的。

3. 光致老化

光致老化是指皮肤长期受日光中的紫外线照射后，由于累积性损伤而导致的皮肤衰老或加速衰老的现象。UVA 是光致老化的主要波段。UVA 对皮肤的影响虽然是缓慢的，但具有持久性和累积性，并且其透射程度最深，能深达真皮内部，使真皮基质内起保湿作用的透明质酸类物质加速降解，同时使弹力纤维与胶原纤维含量降低，部分弹力纤维出现增粗、分叉等现象，进而导致皮肤的弹性与紧实度下降，出现松弛和皱纹等提前衰老现象。同时，光致老化的速度明显快于皮肤的自然老化，皱纹的深度也更明显，皮肤呈现粗糙肥厚状态。另外，由 UVA 照射产生的自由基，能够导致组成皮肤细胞膜的不饱和脂肪酸被氧化，生成过氧化脂质，最终形成脂褐素而沉积在皮肤内，累积到一定程度使皮肤暗沉，甚至产生老年斑。因此，做好皮肤防晒是抗皮肤衰老的必备条件。

4. 皮肤光敏感

皮肤光敏感是指在光敏感物质的存在下，皮肤对紫外线的耐受性降低或感受性增高的现象，可引发光过敏反应和光毒性反应。这种现象只发生在一小部分人群中，属于皮肤对紫外线辐射的异常反应。

总之，紫外线过度辐射对皮肤所产生的影响，不仅仅只是影响皮肤美观，而是对皮肤的健康产生了很严重的影响，因此，不仅是追求美白、抗皮肤衰老的爱美人士需要防晒，对于普通人群，无论男女老少都需要做好皮肤防晒，以尽量减轻紫外线对皮肤所造成的不良影响。

黑色素的"功"与"过"有哪些

黑色素是影响人体皮肤颜色最主要的一类色素。对于一些追求皮肤白皙

的人而言，黑色素是不受欢迎的。因此，这类求美者往往通过使用祛斑美白化妆品等方式，抑制皮肤内黑色素合成，以减轻黑色素对皮肤颜色所产生的影响。

黑色素的存在，虽然影响了皮肤颜色，但是它的功劳是不可忽视的。黑色素能够吸收照射在皮肤上的紫外线，保护皮肤免受紫外线的伤害。因为过度的紫外线辐射，除了能引起皮肤出现日晒红斑、日晒黑化以及光老化等伤害外，也会诱发皮肤癌变。有研究报道，白色人种所患皮肤癌的概率比黑色人种高 70 倍，这和白色人种皮肤内黑色素含量远远低于黑色人种有密切的关系。另外，紫外线可诱导黑色素合成，晒太阳后皮肤之所以会变黑，是因为皮肤为了抵御紫外线对皮肤所造成的损伤，而合成了更多的黑色素，来保护皮肤。

皮肤衰老的原因及特点有哪些

人体的皮肤一般从 25~30 岁后即随着年龄的增长而逐渐衰老，并在 35~40 岁后逐渐出现比较明显的衰老变化。皮肤衰老是一个复杂、多因素综合作用的过程，根据衰老成因的不同可分为内源性衰老和外源性老化。内源性衰老也称为"自然衰老"，它是生物体生老病死的自然规律，是任何人也阻挡不了的。外源性老化是指由于外界因素如紫外线辐射、吸烟、风吹日晒以及接触有毒、有害化学物质而引起的皮肤老化，是可以控制的。其中紫外线辐射是导致皮肤外源性老化最主要的因素，我们称这种皮肤老化为"光老化"。皮肤的自然衰老与光老化无论是在形成原因，还是衰老症状方面均有明显不同。

1. 皮肤的自然衰老

随着年龄的增长，人体的皮肤逐渐进入衰老状态，主要和以下因素有关：①角质层的通透性增加，皮肤的屏障功能降低，导致角质层内水分含量减少，皮肤处于缺水状态；②皮肤附属器官的功能减退，如汗腺和皮脂腺的分泌功能随着年龄的增加而逐渐减弱，导致分泌的汗液和皮脂量减少，皮肤长期得不到润养而呈干燥状态；③皮肤的新陈代谢速度减慢，使真皮内的弹力纤维和胶原纤维功能降低，皮肤张力和弹力的调节作用减弱，从而皮肤易出现皱纹；④皮肤吸收不到充分的营养，使皮下脂肪储存不断减少，导致真皮网状层下部失去支撑，造成皮肤松弛。

皮肤的自然衰老主要表现为皮肤松弛，出现细小皱纹，同时伴有皮肤干燥、脱屑、脆性增加、修复功能减退等。皮肤干燥缺水是导致皮肤自然衰老的一个很重要的因素，所以做好皮肤的保湿工作对于延缓皮肤自然衰老至关重要。

2. 皮肤的光老化

皮肤的光老化主要发生在被紫外线照射的暴露皮肤部位，主要表现为皮肤松弛、肥厚，并有深而粗的皱纹，呈皮革样外观，用力伸展时皱纹不会消失，同时皮肤明显干燥和脱屑，呈黄色或灰黄色，久则出现色素斑点甚至表现为深浅不均的色素失调现象，长期高强度日光照射还可能诱发皮肤癌。

由此可见，光老化所导致的皮肤衰老更为严重，它与自然衰老在症状上最明显的区别是，自然衰老引起的皱纹较为细浅，而光老化导致的皱纹粗而深，而且光老化引起的皮肤衰老速度明显快于自然衰老。虽然如此，光老化是可以控制的，只要平时做好防晒工作，防止紫外线对皮肤的过度辐射，就可以控制或减缓光老化对皮肤所造成的伤害。

影响化妆品渗透吸收的皮肤因素有哪些

对于化妆品而言，发挥功效的功能性成分能否通过表皮角质层，并到达其发挥作用的皮肤层，直接影响到该产品的特定功能。但有一点需要注意的是，化妆品中功能性成分的渗透吸收是以经皮渗透后积聚在发挥作用的皮肤层为最终目的，并不需要穿透皮肤进入血液循环，这与药物的透皮吸收制剂

是有区别的。

根据产品功用的不同，化妆品中的功能性成分需要到达的皮肤层也不同。如美白类产品中能够抑制黑色素生成的美白成分应能够渗入到表皮的基底层，作用于黑色素细胞来阻断黑色素合成；延缓皮肤衰老产品中的延缓皱纹产生的成分应能够渗透至真皮层，促进真皮基质中成纤维细胞的分化与增殖，提高胶原纤维及弹力纤维的含量，使皮肤富有弹性；而防晒产品中的防晒成分则需停留于皮肤表面，防止其渗透进入皮肤，对照射到皮肤表面的紫外线进行屏蔽和吸收。

影响化妆品渗透吸收的主要障碍是角质层，而通过角质细胞间隙扩散是化妆品功能性成分渗透吸收的最主要途径。同时，通过角质细胞膜及皮肤附属器扩散在化妆品的渗透吸收中也有一定作用。影响化妆品渗透吸收的皮肤因素主要有以下几方面。

1. 皮肤部位

人体面部不同部位皮肤的角质层厚度以及皮肤附属器数量各不相同，因而导致这些部位对化妆品的渗透吸收能力也存在差异。通常情况下，鼻翼两侧的吸收能力最强，上额和下颌次之，两侧面颊吸收性最差。

2. 皮肤温度、湿度及角质层含水量

皮肤温度升高，可促进功能性成分的渗透吸收；皮肤湿度及角质层含水量增加，能促进皮肤对化妆品的渗透吸收，如通过蒸汽熏面、贴敷面膜等方式促进角质层的水合作用以及在化妆品中添加保湿剂均有利于功能性成分的渗透吸收。

3. 皮肤健康状况

皮肤在病理状态下或受到损伤时，皮肤结构会被破坏，导致角质层屏障功能降低或丧失，化妆品的皮肤透过性会明显增加。但某些皮肤病如硬皮病、银屑病（牛皮癣）等可使皮肤角质层更加致密，从而导致化妆品的渗透性降低。

（黄昕红）

化妆品基础知识篇

　　如何做到安全、有效地使用化妆品是众多消费者非常关心的问题。对大多数消费者来说，由于缺乏对化妆品知识的基本了解，在选购化妆品时只是单纯依靠导购人员对产品功效的宣传来决定其购买行为，为产品使用安全埋下了隐患。通过了解化妆品基础知识，熟悉购买和使用化妆品时的一些注意事项，具有初步鉴别假冒伪劣产品的能力，对于提高化妆品的使用安全性是非常必要的。

什么是化妆品

　　目前国际上对化妆品的概念尚没有统一。美国食品药品管理局（FDA）对化妆品的定义是：用涂抹、散布、喷雾或者其他方法使用于人体的物品，能够起到清洁、美化，促使有魅力或改变外观的作用。日本《药事法》中将化妆品定义为：为了清洁和美化人体、增加魅力、改变容貌、保持皮肤及头发健美而涂抹、散布于身体或用类似方法使用的物品，是对人体作用缓和的物质。

　　我国自 2021 年 1 月 1 日起施行的《化妆品监督管理条例》中将化妆品定义为：以涂擦、喷洒或者其他类似方法，施用于皮肤、毛发、指甲、口唇等人体表面，以清洁、保护、美化、修饰为目的的日用化学工业产品。这个定义从化妆品的使用方式、施用部位以及使用目的三个方面进行了较为全面的概括。

　　虽然各国对化妆品的定义不尽相同，但大同小异，没有本质的区别。同时需要特别指出的是，化妆品的作用部位是人体表面，包括皮肤表面、毛发表面及指甲表面等部位，而市面上销售的或一些美容机构使用的玻尿酸（皮下注射用）、美白针、肉毒杆菌素等均不属于化妆品范畴。

化妆品有哪些基本作用

1. 清洁作用

　　化妆品能够清除皮肤、毛发、牙齿表面的脏物以及人体分泌与代谢过程中产生的污物等。如洗面奶、洗发香波及牙膏等。

2. 保护作用

化妆品能够使皮肤及毛发滋润、柔软、光滑、富有弹性等，起到保护肌肤，抵御风寒、紫外线等刺激，防止皮肤受损以及毛发枯断等作用。如润肤乳液、防晒霜、护发素等。

3. 营养作用

化妆品配方中添加的营养原料，能够补充皮肤及毛发所需的营养物质，增加组织细胞活力，维系皮肤水分平衡，减少皮肤细小皱纹产生，从而延缓皮肤衰老及促进毛发生理功能等作用。如营养面霜、营养面膜等。

4. 美容修饰作用

人们通过使用化妆品进行护肤和化妆，能够增加个人魅力或散发香气，达到美容修饰的目的。如粉底霜、唇膏、发胶、摩丝、香水及指甲油等。

5. 特殊功能作用

一些化妆品具有以下特殊功能，如染发、烫发、防脱发、祛斑美白及防晒等作用，《化妆品监督管理条例》中将这类化妆品称为特殊化妆品。

化妆品有哪些种类

化妆品的种类繁多，目前尚无统一的分类方法，在此简要介绍主要的几种分类方法。

1. 按化妆品的风险程度分类

我国按照风险程度不同对化妆品实行分类管理。《化妆品监督管理条例》中将化妆品分为特殊化妆品和普通化妆品两大类。

2. 按化妆品的功用分类

可分为清洁类化妆品（如洗面奶、洗发香波等）、护理类化妆品（如润肤霜、焗油膏等）、营养类化妆品（如营养面霜、营养面膜等）、美容类化妆品（如粉底霜、胭脂、唇膏等）以及特殊功能化妆品（如防晒霜、美白祛斑霜等）。

3. 按化妆品的使用部位分类

可分为肤用化妆品（如卸妆油、润肤霜等）、发用化妆品（如洗发水、烫发剂等）、唇眼用化妆品（如唇膏、眼影等）、口腔用化妆品（如牙膏、漱口液等）及指甲用化妆品（如指甲油、洗甲水等）。

4. 按化妆品剂型分类

可分为水剂类产品（如香水、化妆水等）、油剂类产品（如防晒油、按摩油、发油等）、乳剂类产品（如清洁霜、润肤霜、润肤乳液等）、粉状产品（如香粉、爽身粉等）、块状产品（如粉饼、胭脂等）、悬浮状产品（如粉底液等）、表面活性剂溶剂类产品（如洗发香波、洗手液等）、凝胶类产品（如洁面啫喱、睡眠面膜等）、气溶胶制品（如喷发胶、摩丝等）、膏状产品（如洗发膏、膏状面膜等）、锭状产品（如唇膏等）和笔状产品（如唇线笔、眉笔等）。

特殊化妆品与普通化妆品有何不同

我国《化妆品监督管理条例》中规定：用于染发、烫发、祛斑美白、防晒、防脱发的化妆品以及宣称新功效的化妆品为特殊化妆品。特殊化妆品以外的化妆品为普通化妆品。

由于特殊化妆品具有特定的功能，所含有的功能性成分存在一定的安全风险，所以国家对特殊化妆品的监管要比普通化妆品更为严格，对于普通化妆品实行备案管理，而对于特殊化妆品则实行注册管理。《化妆品监督管理条例》第十七条规定，特殊化妆品经国务院药品监督管理部门注册后方可生产、进口。国产普通化妆品应当在上市销售前向备案人所在地省、自治区、直辖市人民政府药品监督管理部门备案。进口普通化妆品应当在进口前向国务院药品监督管理部门备案。

那么，何谓"备案"与"注册"呢？备案是指备案人依照法定条件、程序和要求，将表明产品安全性和质量可控性等资料提交药品监督管理部门进行存档备查的活动。注册是指注册申请人依照法定条件、程序和要求提出注册申请，药品监督管理部门对申请注册的化妆品或化妆品新原料的安全性和质量可控性进行审查，决定是否同意其注册申请的活动。

因此，对于普通化妆品而言，在上市销售前只需将表明产品安全性和质量可控性等资料提交药品监督管理部门进行存档备查即可，不需要审查批准；而特殊化妆品则不同，需要国务院药品监督管理部门对注册申请人所提交的化妆品安全性和质量可控性资料进行审查后，再决定是否同意其注册申请。也就是说，特殊化妆品的生产是需要国务院药品监督管理部门审查批准的，审查合格批准后，国务院药品监督管理部门会发给该产品带有批准文号（如"国妆特字 G20130526"）的注册证，特殊化妆品的批准文号必须标注在化妆品标签上。若特殊化妆品的产品标签上没有注明此产品的批准文号，或者该批准文号已经过期，那么，此产品属于违规化妆品，其安全性难以保证。

自 2021 年 1 月 1 日《化妆品监督管理条例》施行起，原来的《化妆品卫生监督条例》自动废止，对于原《化妆品卫生监督条例》规定的 9 种特殊用途化妆品中已经获得《特殊用途化妆品行政许可批件》的育发、脱毛、美乳、健美、除臭类化妆品，自《化妆品监督管理条例》施行之日起设置 5 年的过渡期，过渡期内可以继续生产、进口、销售，过渡期满后不得生产、进口、销售该化妆品。

化妆品与外用药品有什么区别

1.对安全性的要求程度不同

化妆品应具有高度的安全性，对人体不允许产生任何刺激或损伤；而外用药品作用于皮肤时间短暂，对人体可能产生的微弱刺激及不良反应在一定范围内是允许的。

2.产品使用对象不同

化妆品的使用对象是皮肤健康人群，而外用药品的使用对象是有病症人群。

3.使用目的不同

使用化妆品的目的包括清洁、保护、营养和美化等，而使用外用药品的目的是治疗疾病。

4.对皮肤结构及功能的影响程度不同

外用药品作用于人体后能影响或改变皮肤结构和功能，而化妆品不能。虽然某些特殊化妆品具有一定的药理活性或一定的功能性，但一般都很微弱并且短暂，更不会起到全身作用；而外用药品的药理性能更强大、深入、持久。

什么是药妆品

药妆品的英文"Cosmeceutial"是由化妆品（Cosmetic）和药品（Pharmaceutial）两者组成的，意思是指具有药物性质的化妆品。为什么经常

听说国外有所谓的"药妆品",而我国化妆品法规中并没有"药妆品"的概念呢？这里需要明确指出的是，避免化妆品和药品概念的混淆，是世界各国（地区）化妆品监管部门的普遍共识。因此，不但是我国，世界大多数国家在法规层面均不存在"药妆品"的概念。虽然部分国家的药品或医药部外品类别中，有些产品同时具有化妆品的使用目的，但这类产品应符合药品或医药部外品的监管法规要求，不存在单纯依照化妆品管理的"药妆品"。

我国《化妆品监督管理条例》第三十七条、第四十三条规定，化妆品标签上禁止标注"明示或者暗示具有医疗作用"的内容，化妆品广告不得明示或者暗示产品具有医疗作用。因此，对于以化妆品名义注册或备案的产品，宣称"药妆""医学护肤品"等"药妆品"概念的，均属于违法行为。

什么是"械字号面膜"

所谓"械字号面膜"，是指产品标签上标识的产品注册证编号中有"×械注准"或者"×械备"字样的所谓面膜产品，也常被商家称之为所谓的"医用面膜""医美面膜"。这类产品在宣传过程中，声称比普通面膜的生产标准高、功效强、更安全，更适合消费者使用，其实这些说法是不科学的。

2020年1月2日，国家药品监督管理局发文指出，市场上常见的"械字号面膜""医美面膜"，实际为医用敷料，属于医疗器械范畴，而非化妆品范畴。按照医疗器械管理的医用敷料，其命名应当符合《医疗器械通用名称命名规则》要求，不得含有"美容""保健"等宣称词语，不得含有夸大适用范围或者其他具有误导性、欺骗性的内容。因此，不存在"械字号面膜"的概念，医疗器械产品也不能以"面膜"作为其名称。

自从国家药品监督管理局表态"不存在所谓的'械字号面膜'"后，把械字号医用冷敷贴宣称为"面膜"的现象仍有发生，甚至直接在产品包装上称医用冷敷贴"引领未来面膜发展"。而且，继"械字号面膜"后，目前化妆品市场又涌现出了所谓的"械字号（医用）护肤品"，如医用防晒霜、医用保湿乳及洗面奶等。事实表明，这些所谓的"械字号医用护肤品"都是医用敷料，同样不属于化妆品范畴。与"械字号面膜"一样，"械字号医用护肤品"同样属于违规宣称。

对于医用敷料而言，其安全风险高于化妆品，应由有资质的医生指导并按照正确的用法用量使用，不能作为日常护肤产品长期使用。作为消费者，在选购化妆品时应擦亮眼睛，分清医用敷料与化妆品的不同，不要把所谓的"械字号面膜""械字号护肤品"以及当作"医美面膜"来宣称的械字号医用冷敷贴误作化妆品选用。

什么是 OEM 化妆品

OEM（Original Equipment Manufacturer）的含义可理解为"定牌生产厂"或"定牌生产"。在日用化妆品界，OEM 俗称"委托加工厂"或"委托加工"。委托方（经销商）要求被委托方（OEM）按照指定的原料、生产工艺、设备及包装等条件加工出合格产品；或者要求被委托方（OEM）按品牌需求，自主研发，生产出合格的满足委托方要求的产品，而委托方只负责市场运作和产品营销。OEM 化妆品是被委托方为品牌厂商（委托方）度身订造的，生产后只能使用委托方指定的品牌名称，不允许冠上生产者自己的名称再进行生产。

比如，很多国外大品牌公司在我国国内销售的产品并不是其本公司所生产的，而是委托我国国内的某化妆品生产企业按其要求为其加工定制的，这样可以节约大量的产品成本。所以，我们在商场买到的这类产品虽然也冠以国外大品牌的名称，但生产厂家却是国内某化妆品生产企业。这种国外大品牌在我国国内的 OEM 产品价格往往要比其原产国的产品价格低很多。

再如，国内某企业的产品有市场、有销售渠道，而生产能力有限，为了增加产量销量、降低新上生产线的风险、赢得市场时间，通过合同订购方式委托其他同类产品厂家生产，所订产品低价买断，并直接贴上自己的品牌商标，这种委托他人生产的合作方式所生产的产品也为 OEM 产品。

油性原料在化妆品中有哪些作用

油性原料在化妆品中用量较大，在常温下有液态、半固态和固态三种存在形式。通常情况下，我们把常温下呈液态的称为"油"，如橄榄油、杏仁油等；常温下呈半固态的称为"脂"，如矿物脂（凡士林）、牛脂等；常温下呈固态的称为"蜡"，如蜂蜡、固体石蜡等。因此，也可把化妆品中的油性原料直接称为油脂蜡类原料。油性原料在化妆品中具有以下多方面的作用。

1. 屏障作用

油性原料能够在皮肤表面形成油膜屏障，防止外界不良因素对皮肤产生刺激，保护皮肤，并能抑制皮肤水分蒸发而发挥保湿作用。如保湿膏霜，涂抹后停留在皮肤表面的油性原料发挥的就是屏障作用。

2. 滋润作用

油性原料的滋润作用是大家最为熟悉的，它不但能滋润皮肤，也能滋润毛发，并能赋予皮肤及毛发一定的弹性和光泽。如润肤的膏霜奶液、发乳、发油等产品中的油性原料发挥的主要就是滋润作用。

3. 清洁作用

根据相似者相溶的原理，油性原料可溶解皮肤上的油溶性污垢而使之更容易清洗，如卸妆油以及清洁霜中的油性原料。

4. 固化作用

固态的蜡类原料可赋予产品一定的外观状态，使产品倾向于固态化，如固态的唇膏类产品中使用了大量的蜡类原料，既可滋润口唇、赋予口唇光泽，同时又能赋予产品固态的外观形式。

油性原料有哪些类别，各有何特点

油性原料根据来源不同，可分为天然油性原料和合成油性原料两大类。

1. 天然油性原料

天然油性原料又分为动物油性原料（如水貂油、蛇油等）、植物油性原料（如澳洲坚果油、鳄梨油等）以及矿物油性原料（如白油、凡士林等）。动物油性原料的皮肤渗透性最好，其次是植物油性原料。矿物油性原料的皮肤吸收性最差，几乎不被皮肤吸收，所以使用起来油腻感较强，影响皮肤正常呼吸，但稳定性好、价格便宜是其最大优点，市场上使用仍较广泛。

2. 合成油性原料

合成油性原料是化妆品油性原料的一个主要来源，可分为两类。一类是全化学合成的油性原料，具有化学结构明确、纯度高、化学稳定性好的优点，肤感从清爽到厚重，种类繁多，应用广泛。另一类则属于半合成的油性原料，是某些天然油性原料的衍生物。因为这些天然油性原料存在一些缺陷，在化妆品中难以直接使用，人们采用化学手段对这些存在缺陷的天然油性原料进行处理，制成该种原料的衍生物，以保存其原有优点，去掉其存在的缺陷，使其更加适合化妆品行业的使用，如羊毛脂的各类衍生物。

粉底类产品中发挥遮瑕作用的原料是什么

粉底类产品属于彩妆类化妆品，具有遮盖面部瑕疵、调节肤色等作用，常用的如粉底霜、粉底液及 BB 霜等。之所以称为粉底类产品，是因为产品中都含有粉质类原料，这些粉质原料被涂敷于皮肤表面后，在皮肤表面形成

覆盖层，将面部的瑕疵遮掩起来，并能修正面部肤色。同时，有些粉质原料还具有滑爽、吸收皮脂和汗液等作用。

化妆品中的粉质原料一般均来自天然矿产粉末，是化妆品中很重要的一类基质原料，在彩妆中应用很广泛，在香粉类（如普通香粉、粉饼、爽身粉等）产品中用量可高达 30%~80%。常用的有二氧化钛（又称"钛白粉"）、氧化锌（又称"锌白粉"）、滑石粉、高岭土、膨润土等。其中二氧化钛的颜色最白，遮盖力最强，但延展性较差，所以用量不能过多，可与氧化锌混合使用，提高增白及遮瑕效果。同时，二氧化钛和氧化锌在防晒产品中也被经常使用，它们通过对紫外线进行反射和散射作用发挥防晒作用，属于物理性防晒剂，这就是为什么很多防晒化妆品涂抹后有增白效果的原因。现在已有纳米级的二氧化钛和氧化锌原料作为防晒剂用于防晒化妆品中。

由于粉质类原料来源于矿物质，所以难免会掺有一些杂质，如滑石粉中可能会带有石棉、氧化锌中可能会掺有金属镉等，而 2015 年版《化妆品安全技术规范》中规定，石棉不得在产品中检出，金属镉在产品中检出的最高限量不得超过 5mg/kg。因此，保障化妆品安全必须从原料抓起。

酒精在化妆品中有什么作用

酒精，化学名称乙醇，是一种有机溶剂，常被作为化妆品的基础原料加入到化妆品中。化妆品中添加的酒精都是经过特殊处理的专用酒精。有皮肤学专家认为，酒精是较好的消毒杀菌剂、清洁剂和去油污剂，对于油性肌肤和易生粉刺暗疮的皮肤十分有益。合理地使用酒精有利于皮肤的健康。

1. 酒精在化妆品中的作用

酒精在化妆品中主要具有以下几方面作用。①杀菌消炎作用；②赋予产品清凉感：由于酒精易挥发，挥发时带走皮肤表面热量，故使用起来有清凉感；③溶剂作用：既能在配方中溶解那些不易溶于其他溶剂的原料，又能溶解皮肤表面的油脂成分而起到清洁作用；④收敛作用：能收缩毛孔，使毛孔变小，皮肤看起来更为细腻。

2. 使用含酒精化妆品的注意事项

①一般不建议干性皮肤用含有酒精的化妆品；②对酒精过敏的人或敏感性肌肤人群不能使用含酒精的化妆品；③不要依赖嗅觉来判定化妆品中是否有酒精，不是所有含有酒精的化妆品都有酒精味道，因为高质量的酒精本身气味柔和，与配方中香料散发的香气混合一起，消费者通过嗅觉是很难闻到酒精气味的，如香水就是由香料溶解在酒精中制得的，而高档香水根本就没有酒精的气味；④只要根据自己皮肤类型正确选择和使用含有酒精的产品，才不会引起过敏或干燥的问题，消费者不需要为此而过度担心。

表面活性剂在化妆品中有哪些作用

表面活性剂是一种化学结构很特殊的物质，在化妆品行业应用非常广泛。它是化妆品原料中的辅助原料，虽然用量不多，但能起到很大的作用，在洗面奶、润肤乳液、护肤霜、洗发水、护发素、牙膏等大多数产品中都有应用。其在化妆品中的作用多种多样，主要作用表现为乳化、洗涤、发泡、增溶、杀菌、抗静电、分散等。这里我们详细介绍以下几个主要作用。

1. 乳化作用

众所周知，我们平时最常用的膏霜、乳液类护肤品中既含有油性成分，又含有大量的水分，它们是油性成分与水两类物质所形成的混合物，但为什么我们在肉眼状态下既看不到里面的油滴，也看不到渗出来的水分呢？这是因为它们已经形成了一个混合非常均匀的分散体系，即油性成分以微小液滴的形式均匀地分散在水中，或水以微小液滴的形式均匀地分散在油性成分中，前者称为"水包油"，后者称为"油包水"。这种类型的化妆品称为"乳剂类化妆品"，它是化妆品中最常见的一种类型。然而，在正常情况下，油和水互不相溶。搅拌停止后，油和水恢复到分层状态，不能达到稳定均一的分散体系，而膏霜、乳液这类乳剂类产品中的油性成分与水之所以能够形成一个混合均匀的分散体系，是因为里面添加了表面活性剂。表面活性剂的特殊结构能够使互不相溶的油和水两类物质均匀地混合在一起，并形成一个相对稳定的分散体系，即乳剂。表面活性剂在乳剂中所发挥的这种作用就称为"乳化作用"，我们把发挥乳化作用的表面活性剂称为"乳化剂"。所以，我们日常使用的膏霜、乳液中都有表面活性剂的存在。

2. 洗涤、发泡作用

有些表面活性剂具有很好的洗涤和发泡作用，我们非常熟悉的皂类就是很常用的一类表面活性剂。我们所用的香皂、肥皂就是利用其中的皂类成分（表面活性剂）达到清洁、发泡作用的。一些洗面奶也是通过里面的皂类成分发挥清洁作用的，但皂类成分清洁力较强，容易造成皮肤脱脂，并且刺激性也稍强，所以干性皮肤及敏感性皮肤不宜使用这类洁肤产品。另外，浴液、洗发香波、洗手液以及牙膏等产品中发挥清洁和发泡作用的都是表面活性剂。

3. 增溶作用

表面活性剂能使一些不溶于或难溶于水的物质在水中的溶解度增大，使其完全溶解于水中，最终形成透明状态，这种作用就称为"增溶作用"。发挥增溶作用的表面活性剂又称为"增溶剂"。例如，我们想在透明型化妆水中添加一种润肤性很好的油性成分，但油不能溶解在水中，只能以小油滴的形式漂浮在化妆水的表面，此时，我们即可利用表面活性剂的增溶作用，通过添加表面活性剂使油性成分很好地溶解在化妆水中，最终产品呈现出良好的透明外观。但需要注意的是，通过增溶作用来溶解油性成分的量是有限的，较大量的油性成分是很难通过增溶的方式完全溶解于水中的。随着油性成分的增加，表面活性剂的量也需要增加，将油性成分和水进行乳化。如有的化妆水呈不透明的乳白色，是因为里面润肤的油脂成分较多，表面活性剂将其与水乳化的缘故。

表面活性剂有哪些类别，各有什么特点

　　表面活性剂按结构特点的不同，可分为阴离子型、阳离子型、两性离子型和非离子型四大类，其中阴离子型、阳离子型、两性离子型表面活性剂在水溶液中都能够解离成离子。在解离的阴阳离子对中，发挥表面活性剂作用的离子带负电荷的为阴离子型，带正电荷的为阳离子型，既带正电荷又带负电荷的为两性离子型。阴离子型表面活性剂的洗涤、发泡作用较好，多用于清洁用的产品中；阳离子表面活性剂的杀菌、抗静电以及柔顺毛发作用较好，多用于护发素中；两性离子型表面活性剂洗涤作用较弱，但增泡、稳泡、增稠作用较好，多用于清洁类产品中辅助阴离子型表面活性剂，增强产品的清洁效果，降低刺激性；非离子型表面活性剂的乳化、增溶作用较好，刺激性较低，多用于膏霜、乳液类产品以及需要增溶的水剂类产品中。

化妆品中的流变调节剂是什么

　　流变调节剂是指能够增强化妆品体系黏稠度的物质。体系黏稠度增加后能够增加其稳定性，并且改善使用感。其主要包括两类物质：①低分子增稠剂：主要使用无机盐，如部分洗发香波、沐浴液及洗面奶配方中就是用无机盐作为增稠剂来提高产品黏稠度的，常用的有氯化钠、氯化铵等。②水溶性聚合物：又称为"水溶性高分子化合物"，也称为"胶黏剂"，是一种亲水性的高分子材料，结构上含有亲水基团，在水中能溶解或溶胀而形成黏稠状溶液。化妆品配方中常见的有明胶、阿拉伯胶、黄芪胶、黄原胶、海藻酸钠、改性纤维素（如甲基纤维素、羟乙基纤维素、羟丙基纤维素等）和改性淀粉等。另外一类是由单体聚合而制得的，属于合成水溶性聚合物，具有高效和多功能的特性，应用广泛，如聚丙烯酸树脂（卡波树脂）、聚氧化乙烯、聚乙烯醇、聚乙烯吡咯烷酮等。还有一些功效性成分，虽然不是作为流变调节剂使用，但它们溶于水后却能形成黏稠状液体，如透明质酸（玻尿酸）、胶原蛋白、甲壳质等。

水溶性聚合物在化妆品中具有哪些作用

水溶性聚合物在化妆品中不仅能调节产品体系的黏稠度，而且具有多方面的作用，应用非常广泛，主要表现为以下几方面。

1. 增稠、增黏作用

增稠和增黏作用是水溶性聚合物所具有的典型作用。通过增加产品的黏稠度，能够使产品的稳定性提高。如一些悬浮液或乳液产品，这类产品相对不稳定，分层的趋势较大，通过添加水溶性聚合物，增加其黏稠度，即可降低其分层的倾向性，使产品稳定性提高。所以，具有流动性的乳液类产品中往往都有这类物质的存在。另外，通过增加产品黏稠度，也可改善产品的使用感，提高商业价值。在使用有一定黏稠度的水剂类产品时，不至于使产品快速从指缝间流走，如化妆水、精华液等液态产品。同时，有些消费者误认为黏稠度越高的水类产品所含有的功能性成分越多，产品的质量越好，一些生产商家为了迎合消费者的这一心理，在产品中通过添加水溶性聚合物的形式，使其黏稠度达到一定要求，但事实上黏稠度过高的水剂类产品大多都是添加了这种高分子增稠剂，并不代表其含有较多的功能性成分。

2. 凝胶化作用

水溶性聚合物在水中与水结合，吸水膨胀后能够形成凝胶状态，也就是我们平时所说的啫喱。所以，啫喱类产品中一定有水溶性聚合物的存在，其中效果最好也最常用的当属卡波树脂类物质，如卡波树脂940就是很多啫喱类产品中的必备成分。

3. 成膜作用

水溶性聚合物能够在皮肤表面或发丝表面形成一层膜状物，有的膜状物肉眼是能看到的，而有的是看不出来的。如胶原蛋白面膜贴、眼膜贴等，这种膜是我们能看到的，而摩丝、发胶等固定发型的产品，之所以能够固定发型，就是因为水溶性聚合物在发丝的表面形成了具有一定硬度的薄膜，这种固定发型的薄膜是肉眼看不出来的。

4. 润滑、保湿作用

水溶性聚合物有很好的润滑作用，如我们最常用的面膜巾，浸泡面膜巾的面膜液里的水溶性高分子化合物不但能够增加面膜液的黏稠度，而且赋予了面膜巾很好的润滑作用，将其覆盖在面部，可对面部皮肤发挥很好的保湿及润滑作用。又如透明质酸作为一种亲水性的高分子化合物，是一种非常好的保湿原料。

5. 营养作用

有些水溶性聚合物本身也是一种营养物质，如胶原蛋白水解液中的氨基酸能够营养肌肤和毛发。

综上所述，水溶性聚合物的多方面作用使其在化妆品中应用非常广泛，而且在很多情况下，一种产品中往往是几种作用共同存在的复合效果。

化妆品中的防腐剂有安全风险吗

防腐剂是指能够抑制或防止微生物生长和繁殖，确保化妆品在保质期内不发生变质的一类物质。微生物污染能引起化妆品气味、颜色和黏度的变化，导致产品的活性组分降解、使用感发生变化，甚至对人体健康产生危害，而添加防腐剂即可避免上述情况的发生。

防腐剂对皮肤没有益处，这是毋庸置疑的，同时，它也是引起化妆品过敏反应及其他刺激性反应的常见因素。然而，如果化妆品中不添加防腐剂，那么产品中的微生物就得不到有效的抑制和控制，最终则会给消费者带来更大的安全风险。为了确保防腐剂在化妆品中使用的安全性，我国《化妆品安全技术规范》（2015 年版）（以下简称《技术规范》）中规定了准许在化妆品中使用的防腐剂共 51 项，2020 年 12 月国家药品监督管理局在官网上又公布了一项准用防腐剂，因而目前我国化妆品准用防腐剂共 52 项。通常所说的化妆品用防腐剂指的就是这 52 项防腐剂，较为常用的有对羟基苯甲酸酯（尼泊金酯）、咪唑烷基脲，卡松、苯氧乙醇、苯甲酸、溴硝丙二醇（布罗波尔）等。

需要指出的是，在我国化妆品准用的 52 项防腐剂中，有一类防腐剂是通过缓慢释放微量甲醛来达到防腐效果的。很多消费者谈甲醛色变，认为只要含有甲醛的产品一概不能使用。其实微量的甲醛不会对人体造成伤害，况且《技术规范》中对每一项防腐剂在化妆品中的最大允许使用浓度、使用范围、限制条件以及在标签上标记的要求等都做出了具体规定。作为消费者，应该科学认识化妆品中的防腐剂，只要生产厂家遵循《技术规范》中对准用防腐剂的使用要求，就可以保证消费者的使用安全，因此不必为此过度担忧。

化妆品中的香精与香料有区别吗

化妆品的香气是一项重要的感官指标，也是判断产品质量优劣的一个很重要的因素，被消费者广泛关注。一般情况下高端产品的香气淡雅怡人，低端产品的香气浓重刺鼻，并且有可能刺激皮肤，引起皮肤过敏。我们把这些能够散发出香气的物质称为"香料"。香料已有五千多年的历史，可分为天然香料和合成香料两大类，其中天然香料又包括植物性香料和动物性香料。各类香料的特点如下。

1. 植物性香料

植物性香料主要有精油、浸膏等多种使用形式。其来源广泛，香气清新自然，品种繁多，常用的约有 200 种。但其香气大多数随时间延长而变化较大，会造成整体香气的不稳定，而且由于植物原料产地、收获季节、采香部位的不同，其香气和收率也不同，最终产品香气的质量也就不同。

2. 动物性香料

动物性香料的香气稳定而持久，仅有麝香、灵猫香、海狸香和龙涎香等数种，在香料中占有重要地位，但品种少且很名贵，在化妆品中极少使用，多只用于配制高档香水。

3. 合成香料

合成香料与天然香料相比，价格低廉、货源充沛、品质稳定。目前全世界的合成香料已发展到 6000 多种，通常用作调香的也有 500~600 种，是目前市面上使用量最大的一类香料。合成香料按化学结构可分为天然结构和人造结构两类。天然结构的合成香料是通过分析天然香料的成分后，采用其他原料合成出化学结构与之完全一致的香料化合物，如合成的薄荷醇、樟脑等，这类香料占合成香料中的绝大部分。人造结构的合成香料的化学结构在天然香料成分中尚未发现，而其香气与某些天然香料相似，如合成麝香等，目前化妆品中麝香的香气基本采用的都是合成麝香。

无论是天然香料还是合成香料，大多都是以香精的形式添加于化妆品中的。将数种甚至数十种香料按一定的用量比例及添加顺序调和成具有某种香气或香型的调和香料就是香精。不同类型的化妆品需要不同香型的香精，为产品调配香精的途径一般有两种：一种是化妆品生产商提出要求，委托香精公司为产品调配香精，调香师与化妆品配方师合作共同完成最终产品的调香工作；另一种是化妆品生产商按照产品自身特点直接购买香精公司已调配定型用于出售的香精。前者是一些大的化妆品公司和名牌产品采用的途径，能高质量地完成产品的配香工作，但历时较长，成本较高。后一种途径省时，成本低，但香型受到一定程度的限制，是大多数中、小型化妆品生产公司采用的途径，我国国内绝大多数化妆品厂也都采用这种途径。

香精在不同的挥发阶段挥发出来的香气可分为头香、体香和尾香三部分。头香是嗅觉感觉到的香精的最初香气，在闻香纸上留香时间不到 2 小时；体香是头香过后嗅到的中段主体香气，在闻香纸上留香时间是 2~6 小时；尾香（基香）是指香精的头香和体香挥发后所残留的最后香气，在闻香纸上留香时间在 6 小时以上，是持续时间最长的香气。不同功用的化妆品所需添加的香精用量也不相同，否则不易被大众消费者所接受。我们把香精在化妆品中的用量百分比称为"化妆品的赋香率"，常见各类化妆品赋香率具体见表 1。

表 1　常见各类化妆品赋香率

化妆品类型	赋香率（%）	化妆品类型	赋香率（%）
香水	10~20	膏霜、乳液类	0.1~0.8
古龙水	5~10	香波	0.2~0.5
花露水	1~5	护发素	0.2~0.5
化妆水	0.05~0.5	唇膏	1~3

从表 1 中可以看出，除香水、古龙水和花露水这类芳香型化妆品外，香精在化妆品中的用量均很小。尽管用量很少，但香精在化妆品中应用的安全性问题却引起化妆品行业的高度重视，因为它是引起诸多化妆品出现过敏反应及其他刺激性反应的最常见因素。据统计，每种香精都会对一些人有致敏作用，但不能认为对少数人有致敏作用，该香精就不安全，而应按统计数据进行评估其安全性。正因为如此，有些生产厂家推出不加香精的产品，以提高产品的安全性，但大多数消费者不能接受没有香气的化妆品，同时，不添加香精的化妆品会散发出产品原料的一些固有气息，使消费者不易接受。作为消费者，也不必对化妆品中的香精过分担忧，因为对于正规厂家生产的化妆品，在出厂前均要进行安全性测试，只有满足安全性要求后才可出厂销售。因此，只要是在正规渠道购买的合格化妆品，对于敏感性皮肤等特殊群体，可以在使用前先在耳后做试敏测试，以消除由香精所带来的安全隐患。

化妆品中乳剂类产品有哪些，各有何特点

乳剂类化妆品是指由油性原料和水性原料在乳化剂的存在下配制而成的一类外观为乳白色的制品，是护肤品中最常见的一类。化妆品中的膏、霜、蜜、奶液等都属于乳剂类产品。根据乳化性质的不同，乳剂类产品可分为油包水型和水包油型两种基本类型。油包水型产品中的连续部分是油性原料，而水性原料是以很小液滴的形式分散在油性原料中形成油水分散体系，该体系比较油腻，适合干性肤质的人使用。水包油型产品中的连续部分是水性原料，而油性原料以很小液滴分散在水性原料中形成油水分散体系，该体系清爽不油腻，适合油性及中性肤质的人群使用。

1. 膏霜类产品

膏霜类产品是乳剂产品中最常见、最多的一类，外观呈半固态，不具有流动性。从配方组成来看，其配方中往往油性原料的含量比例较高，一般都高于30%，或者是含熔化温度较高的蜡类成分稍多，又或者是化妆品中加入增稠剂的成分较多。通常这类化妆品由于比较稠厚，所以护肤能力较强，稳定性较好。

2. 蜜及奶液类产品

与膏霜类产品不同的是，蜜及奶液类产品具有流动性，黏度较低，倾倒容易，具有易涂抹、不油腻，使用后感觉舒适、滑爽等优点。从配方组成来看，其配方中通常水分含量较高，一般含量高于70%，而且所选择的油性原料的黏稠度和熔点都较低。此类乳剂制品护肤能力弱于膏霜，并且容易出现油水分层现象，稳定性不如膏霜类产品。

综上所述，乳剂产品中的油性原料和水性原料可以起到滋润皮肤、保护皮肤、适度补充皮肤水分的作用。化妆品企业往往在乳剂产品的基础配方中添加适宜的功效性原料，就形成了如美白、祛斑、防晒等具有各种特殊作用

的化妆品。

化妆品中水剂类、油剂类、凝胶类产品各有何特点

在常见的化妆品剂型中，除乳剂类产品最为多见外，水剂、油剂以及凝胶类产品也较为常见，而且各具不同的特点。

1. 水剂类产品

水剂类产品可分为芳香类产品和化妆水两大类。芳香类产品如香水、古龙水和花露水等，主要是由一些香料物质溶解在酒精中所制得的一类透明型液体产品。其中香水中香精用量最大，为女士所用；古龙水香精用量比香水低，为男性专用；花露水较为特殊，其香体原料主要是花露油，香精用量很少，属于夏季卫生用品。化妆水是一类油分含量少、使用舒爽、作用广泛的水剂类化妆品，其配方中主要有水、乙醇、保湿剂、表面活性剂、柔软滋润剂、胶黏剂、药剂等。就外观看，化妆水有透明、半透明和乳状三类。有时产品中加入了粉和较多的油分，使得产品呈现多层状，此类主要用于美容修饰，属于底粉。乳状、多层状和半透明状化妆水一般含油的比例略高，而透明化妆水是最常见的一种。按使用功能来分，化妆水主要有柔肤水、紧肤水、洁肤水、平衡水和营养水几种基本类型。另外，根据添加不同的功能性原料，也有美白水、活肤水、祛痘水、防晒水等具有不同特殊功能的化妆水。

2. 油剂类产品

油剂类产品是以油性原料为主要成分的一类产品。根据外观状态可分为液态、半固态两类。如防晒油、卸妆油、发蜡等。

3. 凝胶类产品

凝胶类产品是一类外观透明或半透明的半固态胶冻状制品，包括无水凝胶和水性凝胶两类。无水凝胶由油性成分和非水胶凝剂组成，含较多油分，

主要有按摩膏等，其他类型的无水凝胶由于过于油腻，现在已很少使用。水性凝胶也称为"啫喱"，由水和水性胶凝剂（水溶性聚合物）组成，外观晶莹剔透、色彩艳丽，使用后清凉滑爽、不油腻，深受消费者喜爱。在水性凝胶中加入不同原料可赋予其不同的功能，如洁面凝胶、洗发凝胶、凝胶眼霜等。

常用的洁肤产品有哪些

洁肤产品种类较多，常用的有洗面奶、清洁霜、卸妆水、卸妆油、磨砂膏、去死皮膏（凝胶）以及浴液等。不同的洁肤产品有其不同的特点。

1. 洗面奶

洗面奶也称为洗面膏、洗面霜、洗面乳及洁面乳，是最常用的面部清洁产品，使用人群广、频率高。清洁效果以及对皮肤的影响是衡量洗面奶品质优劣的两项关键指标。根据洁面机制的不同，可将洗面奶分为表面活性剂型和溶剂型两类。表面活性剂型洗面奶是通过配方中表面活性剂的洗涤和发泡作用以除去面部污垢。此类产品的特点是泡沫较多。若其中发挥洗涤、发泡作用的表面活性剂是皂类成分，则去污力强，同时脱脂力和刺激性也较大，对于干性皮肤及敏感性皮肤均不适用；若配方中的洗涤成分是氨基酸类表面活性剂，则洗涤作用温和无刺激，且泡沫丰富细腻，洗后皮肤无紧绷感，即使敏感性皮肤人群也可使用。溶剂型洗面奶属于乳剂类产品，是通过产品中的水性成分和油性成分分别溶解皮肤上的亲水性污垢和亲油性污垢，以达到清洁目的的。此类产品属于无泡沫型，使用过程中不发生脱脂现象。

2. 清洁霜

清洁霜是一种半固体膏状乳剂类制品，特别适用于干性皮肤。其去污作用一方面是利用表面活性剂的去污作用；另一方面是利用产品中的油性成分作为溶剂，溶解皮肤上的污垢、油彩、色素等，特别是对深藏在毛孔深处的污垢有良好的去除作用。清洁霜的清洁作用强于洗面奶，化妆人群可以选用。

清洁霜在使用时无须用水，使用时先将其用手指均匀地涂敷于面部，并轻轻按摩使之液化，溶化毛孔中的油污，使油污、皮屑等污垢移入清洁霜内，然后用软纸、毛巾等将清洁霜擦去除净。清洁霜对皮肤刺激性小，用后在皮肤上留下一层滋润性的油膜，可使皮肤光滑、柔软，尤其对干性皮肤有很好的保护作用。

3. 卸妆油

卸妆油属于油类产品，由液态的油性原料和表面活性剂组成，是为迅速清除浓妆或重垢而设计的洁肤产品，清洁力强于清洁霜。其洁肤机制是以"油溶油"的方式来溶解皮肤表面的油溶性彩妆及其他油溶性污垢，其中的表面活性剂可与彩妆、油污融合，再与水进行乳化，冲洗时将污垢除去。

卸妆油的使用方法比较特殊，在手及面部干燥无水的情况下，直接将卸妆油涂抹或用卸妆棉蘸取卸妆油涂于睫毛、眼影等彩妆以及鼻翼两侧等部位，轻轻按摩，将彩妆及油污溶解于卸妆油中，然后用手蘸取少量水在面部画圈至乳化变白，时间不宜过长，在1~3分钟内，再用大量温水冲洗干净。油性过大的卸妆油最好再用温和型洗面奶清洗一次，以清除皮肤表面过量剩余的油脂。

另外，除卸妆油以外，还有卸妆水和油水分层剂型的卸妆产品。卸妆水相比于其他卸妆产品，其优点是更加清爽，油分较少，且含有较多的表面活性剂和醇类，需要配合化妆棉一起使用，通常卸妆能力较弱，适合卸除淡妆。油水分层型卸妆液在使用时先摇一摇，能轻松卸除水性和油性的彩妆，眼、唇、脸均可适用。

4. 磨砂膏

磨砂膏又称磨面膏，是一种含有微小颗粒的磨面清洁膏霜。通过微细颗粒与皮肤表面的摩擦作用，有效清除皮肤上的污垢及皮肤表面脱落的死亡角质细胞；同时通过摩擦的刺激可促进皮肤血液循环及新陈代谢，舒展细小皱纹，增进皮肤对营养成分的吸收。

磨砂膏的配方是由乳剂类膏霜基质添加摩擦剂组成的。磨砂剂是磨砂膏的特色成分，一般可分为天然和合成磨砂剂两类。常用的天然磨砂剂有杏核粉、核桃粉、滑石粉、二氧化钛粉等，常用的合成磨砂剂有聚乙烯、聚酰胺树脂等。

通常来说，磨砂膏较适用于皮肤粗糙者，属于深层洁肤产品，清洁效果彻底、全面，但对皮肤的损伤性较大，不能过于频繁使用，其中摩擦剂颗粒的大小、柔韧度是该产品对皮肤损伤程度的关键。

5. 去死皮膏

死皮是指皮肤表面死亡角质细胞的堆积物，这些堆积物使皮肤暗淡无光，并形成细小皱纹，甚至会引起角质层增厚等皮肤疾病。去死皮膏可以快速去除皮肤表面的角化细胞，清除过剩油脂，改善皮肤的呼吸，加速皮肤新陈代谢，促进皮肤对营养成分的吸收，令皮肤柔软、光滑、有弹性。

去死皮膏也属于深层洁肤产品，其配方由膏霜基质原料、磨砂剂、去角质剂（如果酸、角蛋白酶）等组成。可以看出，去死皮膏与磨砂膏的不同之处在于磨砂膏完全是机械的摩擦作用，而去死皮膏的作用机制包含化学性（如果酸）和生物性（如角蛋白酶）作用。磨砂膏多用于油脂分泌旺盛的油性皮肤，而去死皮膏适用于中性皮肤及不敏感的任何皮肤，一般每周使用一次即可。去死皮膏对皮肤损伤大小取决于去除死皮的功效成分，若去死皮成分为摩擦剂和果酸类化学性剥脱剂，则对皮肤损伤较大，刺激性较强；若选用角蛋白酶类生物性成分，则作用温和，不会影响皮肤健康。另外，无论是磨砂膏还是去死皮膏，敏感性肌肤均不宜使用。

6. 浴液

浴液又称沐浴露，是洗浴时直接涂敷或借助毛巾等用品涂擦于身体表面，经揉搓达到清除身体污垢目的的沐浴用品。从洗涤成分来看，目前的浴液制品主要有两类，一类是以皂基表面活性剂为主体的浴液，另一类是以各种合成表面活性剂为主体的浴液。性能优良的浴液应具有泡沫丰富、易于冲洗、温和无刺激、香气怡人并兼具滋润、护肤等作用。

浴液配方的主体构架分为洗净剂、调理剂和其他辅助添加剂等。其中洗净剂主要为表面活性剂，调理剂一般包括水溶性荷荷巴油、水溶性羊毛脂、乳化硅油等油脂类物质，它们具有良好的润肤及降低产品刺激性等特点，可避免洗浴过程中对皮肤产生的过度脱脂作用，使皮肤光滑、润泽。

化妆品中起保湿作用的物质有哪些

皮肤角质层中含有 10%~20% 的水分，使皮肤显得细致、富有弹性，处于最佳状态，当皮肤角质层中的水分低于 10% 时，皮肤就显得干燥、多皱，甚至脱屑等。保湿化妆品就是以保持皮肤外层组织中适度水分为目的的一类化妆品。在保湿化妆品中，发挥保湿作用的保湿剂主要有以下几类物质。

1. 油脂类成分

这类保湿剂可在皮肤表面形成油脂膜，防止角质层水分蒸发，起到封闭保湿的作用。代表性原料是凡士林，但其油腻性较强，所以多选用其他油脂类原料，如橄榄油、杏仁油等。

2. 吸湿性成分

此类保湿剂多为小分子的醇类、酸类、胺类等有机化合物，能够从周围环境吸收水分，提高皮肤角质层的含水量。常见的有甘油、氨基酸、吡咯烷酮羧酸钠、乳酸和乳酸盐等。此类保湿剂单独使用时只适合于相对湿度高的季节及南方地区，不适合北方干燥的冬季，但可通过配合油脂类保湿剂加以解决。

3. 亲水性成分

此类保湿剂为亲水性的高分子化合物，加水溶胀后能够形成空间网状结构，将游离水结合在网内，使自由水变成结合水而使水分不易蒸发散失，起到锁水保湿的作用，是一类比较高级的保湿成分，使用范围广，适用于各类肤质、各种气候条件。代表原料为透明质酸（玻尿酸），这是一种黏多糖类物质，保湿作用强而安全，是一种非常优秀的保湿剂。

4.修复性成分

角质层为人体的天然屏障，若屏障作用降低，则皮肤的失水量增加。在保湿产品中添加具有修复角质层作用的物质，可提高角质层的屏障功能，降低经过皮肤而散失的水量而达到保湿作用。常见的有神经酰胺、维生素E等。

防晒化妆品中的防晒剂有哪几类

防晒化妆品在我国属于特殊化妆品，是指能够防止或减轻由于紫外线辐射而造成的皮肤损害的一类化妆品。我国防晒化妆品中使用的防晒剂必须是《化妆品安全技术规范》（2015 年版）准许使用的 27 项准用防晒剂之中的，而且使用条件应满足《技术规范》的要求，以确保产品使用的安全性。这些防晒剂可分为无机防晒剂和有机防晒剂两大类。这两类防晒剂各有其不同的特点。

1.无机防晒剂

无机防晒剂是一类白色无机矿物粉末，目前《技术规范》中允许使用的只有二氧化钛和氧化锌两种物质。

无机防晒剂的防晒机制与其粉末粒径的大小有关。当粒径较大（颜料级别）时，其防晒机制是简单的遮盖作用，即这类粉末在皮肤表面形成覆盖层，把照射到皮肤表面的紫外线反射或散射出去，从而减少进入皮肤中紫外线的含量，就像一束光照在镜子上被反射出去一样，属于物理性的屏蔽作用，所以也称为"紫外线屏蔽剂"，防晒作用较弱。但随着粉末粒径的减小，此类防晒剂对紫外线的反射、散射能力降低，而对 UVB 的吸收性明显增强，当粒径小到纳米级时，其防晒机制是既能反射、散射 UVA，又能吸收 UVB，防晒作用较强。

通过简单遮盖阻隔紫外线的无机防晒剂（颜料级别）具有安全性高、稳定性好的优点，但由于在皮肤表面沉积成较厚的白色层，所以容易堵塞毛孔，影响皮脂腺和汗腺的正常分泌，且容易脱落，具有增白效果的防晒品中往往都含有这类防晒剂。纳米级的无机防晒剂的粉粒直径在数十纳米以下，已经无遮盖作用，而具有防晒能力强、透明性好的优势，但也存在易凝聚、分散性差、吸收紫外线的同时易产生自由基等缺点，所以需要对其粒子表面进行改性处理以解决上述缺点，这对生产厂家的研发能力要求较高。

2.有机防晒剂

与无机防晒剂不同，此类防晒剂是一类对紫外线具有较好吸收作用的有机化合物，也称为"紫外线吸收剂"。这类物质能选择性吸收紫外线，分子结构不同，选择吸收的紫外线波段也不同，有些防晒剂主要吸收 UVB，有些防晒剂主要吸收 UVA，而有些防晒剂属于广谱防晒剂，既能吸收 UVB，又能吸收 UVA。这类防晒剂将吸收的紫外线的光能转换为热能，同时其自身结构不发生变化。2015 年版《技术规范》中列出了 25 项准许使用的有机防晒剂，并对其使用条件（主要是用量）做出了规定。常用的有对甲氧基肉桂酸酯类、樟脑类衍生物、苯并三唑类及奥克立林等。通常以多种防晒剂配合使用的方式用于防晒品中，以增强防晒效果。

有机防晒剂存在的安全隐患较无机防晒剂多一些，如刺激皮肤、导致皮肤过敏等，但其防晒能力大多强于无机防晒剂。因此，大多数厂家将无机防晒剂与有机防晒剂配合使用，最大化地增强防晒效果，同时提高安全系数。作为消费者，在购买防晒产品时，一定要注意产品标签上是否有特殊化妆品批准文号，要在正规渠道购买，以防劣质产品给我们的健康带来危害。

什么是防晒化妆品的防晒标识

我们日常在购买防晒化妆品时，最关心的是产品的防晒效果。那么怎样判断产品的防晒效果呢？这就需要大家了解防晒化妆品包装标签上相关标识的含义。防晒化妆品标签上与防晒效果有关的标识有两个，一个是 SPF 值，另一个是 PA 等级。

1. SPF 值

SPF 值是防晒化妆品保护皮肤避免发生日晒红斑的一项性能指标，是对 UVB 防护效果的评定，称为"防晒因子"或"日光防护系数"。当防晒化妆品的实测 SPF 值 <2 时，不得标识防晒效果；2 ≤ SPF 值 ≤ 50 时，标识实际数值，数值越大，防护效果越好；SPF 值 >50 时，不再标注具体数值，统一标为"50+"。

防晒化妆品未经防水性能测定，或产品防水性能测定结果显示洗浴后 SPF 值减少超过 50% 的，不得宣称防水效果。宣称具有防水效果的防晒化妆品，可同时标注洗浴前及洗浴后 SPF 值，或只标注洗浴后 SPF 值，不得只标注洗浴前 SPF 值。

2. PA 等级

SPF 值是评定产品对 UVB 的防护效果，与之对应的是 PFA（长波紫外线防护指数）值，它反映的是产品对 UVA 的防御效果。当防晒品的实测 PFA 值 <2 时，不得标识 UVA 防护效果；2 ≤ PFA 值 <16 时，可根据其数值标识相应的 PA 等级，PFA 值 PA 等级的对应原则见表 2。

表 2 防晒化妆品的 PFA 值及其防护等级

PFA 值	防护等级
<2	无 UVA 防护效果
2~3	PA+
4~7	PA++
8~15	PA+++
≥ 16	PA++++

当防晒化妆品吸收的紫外线波长 ≥ 370nm 时，可标识广谱防晒效果。另外，需要注意的是，防晒化妆品对应 UVA 防御效果的标识，目前国际上尚没

有统一的规定，我国和日本等国家采用的是 PA 等级的标识方法，而欧美等国家并不是采用这种标识方法。

美白祛斑类化妆品的作用机制是什么

美白是化妆品行业的一个永恒的主题。目前市场上美白祛斑类化妆品种类繁多，但究其美白祛斑的作用机制，主要包括以下三方面。

1. 抑制黑色素生成

黑色素是影响皮肤白皙最主要的一类色素，抑制黑色素生成自然就是美白祛斑类产品最重要的目的。黑色素是在黑素细胞内生成的，而黑素细胞存在于皮肤表皮的基底层，所以这类功能性成分必须渗透入皮肤，到达基底层才可发挥其功效，这是一个比较难以解决的问题，因为角质层的天然屏障是很难透过的，这也是许多美白祛斑类化妆品作用不理想的重要原因之一。

2. 阻断黑色素转运

有研究表明，在表皮基底层黑素细胞内的黑色素通常不会影响皮肤颜色，只有进入到角质形成细胞中，才会对皮肤颜色产生影响。通常情况下，黑色素在黑素细胞内生成后，黑素体会沿黑素细胞的树枝状突起转运到周围的角质形成细胞中，从而影响皮肤颜色。因此，阻断黑素体向角质形成细胞传递的速度，减少各表皮细胞层的黑色素含量，可以达到美白祛斑的目的。

3. 促进表皮新陈代谢

对于已经从黑素细胞内转运出来到达周围角质形成细胞中的黑素体而言，为了减轻其对皮肤颜色所产生的影响，可通过软化角质层、加速角质层死亡细胞脱落、促进表皮新陈代谢的方式，促使进入表皮中的黑素体在代谢过程中随表皮的快速更新而脱落。

美白祛斑类化妆品中有哪几类功能性成分

根据美白祛斑类化妆品作用机制的不同，其功能性成分主要有以下几类。

1. 抑制黑色素生成的美白剂

目前市场上常用的抑制黑色素生成的美白剂主要有熊果苷及其衍生物、曲酸及其衍生物、维生素 C 及其衍生物、内皮素拮抗剂、甘草黄酮、花青素以及绿茶、杜鹃花、葡萄籽、红景天等植物提取物。

2. 阻断黑色素转运的美白剂

此类代表性的功能性成分主要有烟酰胺、壬二酸、绿茶提取物等。

3. 剥脱剂

此类物质通过软化角质层、加速角质层死亡细胞脱落、促进表皮新陈代谢，使进入表皮中的黑素体在代谢过程中随表皮的快速更新而脱落，以减轻其对皮肤颜色的影响，如果酸、角蛋白酶等。其中果酸化学性的剥脱作用刺激性较强，用量不能过大；而角蛋白酶属于生物性剥脱剂，作用温和，一般不会产生刺激。

不合格的美白祛斑类化妆品容易出现汞超标。汞是化妆品中明确规定禁止加入的原料，在 2015 年版《化妆品安全技术规范》中明确指出，化妆品中汞含量 ≤ 1mg/kg。氯化氨基汞能够干扰黑色素的生成，美白效果迅速，而且价格比其他美白原料便宜。因此，一些不正规企业为了满足消费者追求快速美白的心理，添加了这种禁用物质，从而出现汞超标现象。另外，对苯二酚（氢醌）也是我国禁止使用的美白原料，如果化妆品中有一种特殊的类似医院病房消毒的气味，就有可能加入了较高浓度的对苯二酚，它会导致皮肤过敏甚至出现永久性白斑（如白癜风），很难治愈。因此，美白祛斑类化妆品有一定的安全风险，在我国属于特殊化妆品，购买时需谨慎。

抗衰老化妆品的功能性原料有哪几类

衰老是生命进程的自然现象，虽然不可阻挡，但人们可通过一些手段来减缓衰老的步伐，抗衰老化妆品就是这样一类以延缓皮肤衰老为目的的化妆品。此类化妆品可通过以下几类功能性原料达到延缓皮肤衰老的目的。

1. 具有保湿和修复皮肤屏障功能的原料

这类原料能够保持皮肤角质层中的含水量在适宜的范围内，减少皱纹的形成。如甘油、尿囊素、吡咯烷酮羧酸钠、乳酸和乳酸钠、神经酰胺以及透明质酸等。

2. 抗氧化类原料

衰老与诸多氧化反应密切相关，抗氧化就能抗衰老，所以此类原料在抗衰老化妆品中具有无可取代的作用。常用的抗氧化原料主要有维生素类（如维生素 E、维生素 C 等）、生物酶类（如超氧化物歧化酶、辅酶 Q10 等）、黄酮类化合物（如原花青素、茶多酚、黄芩苷等）、蛋白类（如金属硫蛋白、木瓜硫蛋白及丝胶蛋白等）。

3. 防晒原料

长期的紫外线辐射会加速皮肤的老化进程，使皮肤提前衰老，所以防晒原料是抗皮肤衰老产品中必不可少的一类。

4. 具有复合作用的天然提取物

许多天然动植物提取物均有很好的抗衰老作用，而且通常是多角度的复合性作用，具有作用温和且持久稳定、适用范围广、安全性高等优势，越来越受到消费者的青睐和认可。尤其是一些中药提取物已经被广泛用于抗衰老产品中，如人参、黄芪、绞股蓝、鹿茸、灵芝、沙棘、茯苓、当归、珍珠、银杏及月见草等。

5. 微量元素

近年来微量元素的抗衰老作用成为衰老生物学的研究热点。大量研究证明，与抗衰老密切相关的微量元素主要有锌、铜、锰和硒。

目前市场上的洗发产品有哪些

洗发产品有固态（洗发粉）、液态（洗发水）、膏状（洗发膏）之分，目前洗发水最为常用。通常把洗发水和洗发膏统称为"香波"，来自英文"shampoo"的音译，指洗发，主要用于洗净附着在头皮和头发上的灰尘、油脂、汗垢等脏污。早期的香波功能单一，只具有洗发作用，20世纪90年代后，香波开始朝集洗、护、养于一体的方向发展，进入21世纪后，具有去屑、止痒功能的香波受到了广泛关注，当今高效、多功能洗发水已成为市场上的主流产品。

洗发香波的配方组成中主要有洗涤剂和添加剂两大类成分。洗涤剂通常为表面活性剂，为香波提供洗涤和发泡作用，是香波的主体成分；添加剂为香波的色、香等感官效果以及良好的使用感、稳定性、特殊功效性提供良好的保障，是香波的辅助性成分，通常包括调理剂、稳泡剂、增稠剂、螯合剂、澄清剂、珠光剂、防腐剂、赋脂剂、去屑止痒剂、营养剂、色素、香精等。

洗发香波从外观看，又可分为液状、膏状、凝胶状等。液状香波是市场上最主要的剂型，有透明型和乳状液两种类型。其中透明型香波对原料在水中的溶解能力要求高；乳状液香波对原料的选择范围广，因此乳状液香波更为多见。膏状香波即洗发膏，是以皂基类表面活性剂为主要洗涤成分的香波。凝胶香波外观为透明胶冻状，主要是增加了能够形成凝胶的物质（胶凝剂）而制成的。

需要注意的是，理想的洗发香波应该具有适度的洗净力，在保证洗涤效果的同时，又不会脱尽发丝表面油脂而导致头发干燥。也就是说，选择洗发香波时，不要一味只是追求产品的清洁能力，因为清洁力过强的香波不但会导致头发脱脂而干燥，同时，由于添加了较大量的表面活性剂清洁成分，必然会导致产品的刺激性增强，用后出现头发干燥、头屑增多等不良反应。

常用的护发产品有哪些

头发是由蛋白纤维构成的。蛋白质在酸、碱、干燥、紫外光照射等环境下，会发生变性和断裂。经常使用具有碱性的香波洗发，会使发质中的油脂过多溶解，蛋白质周围保护液减少，导致蛋白质暴露在空气中，受到紫外线照射，并处于干燥环境中，增加了发生变性和断裂的可能性。因此，洗发后应该经常对头发进行养护，目前最为常用的护发产品当属护发素。

护发素的原料主要包括护发成分和辅料两部分。护发成分多为阳离子型表面活性剂、水溶性硅油和水溶性聚合物；辅料成分包括保湿剂、赋脂剂、乳化剂、防腐剂、抗氧剂、香精、色素等。

护发素品种繁多，有多种分类法，按剂型分类，有透明液体、乳液、膏体、凝胶、气雾剂护发素等；按功能分类，有通常护发用、干性发质用、受损发质用、头屑用、防晒用护发素等；按使用方法分类，有水洗、免洗、焗油护发素等。

发胶和摩丝有什么区别

在发用产品中有一类产品主要用于固定发型。此类产品是利用产品中的水溶性聚合物在发丝表面形成具有一定硬挺度的膜，这层膜将发丝包裹后达到定型的目的。根据其外观和使用方式的不同，可分为发胶和摩丝两类。

1. 发胶

发胶又称啫喱、定型水，用于头发定型的同时，兼有保湿、保养、保光泽的作用。发胶的主要成分有成膜剂、调理剂、溶剂、中和剂、喷射剂等添加剂。

2. 摩丝

摩丝是外来语"mousse"的谐音，和发胶的作用相当，它是通过推进剂携带液体冲出气雾罐，以泡沫形式喷洒在头发上，形成膜后起到定型的作用。摩丝比发胶在原料上增加了推进剂和发泡剂。

染发产品中的染发剂有哪几类

染发化妆品在我国属于特殊化妆品，其活性成分是染发剂。不同类型的染发剂所达到的染发效果自然也不一样。根据染发效果可将染发剂分为暂时性染发剂、半永久性染发剂（一剂型染发剂）和永久性染发剂（二剂型染发剂）三类。暂时性染发剂染后色泽持续时间最短，只能维持7~10天，一经洗涤就会褪色，只能作为临时性修饰；半永久性染发剂的染后色泽持续时间为3~4周；永久性染发剂的染后色泽持续时间最长，可维持1~3个月，因此是目前最常用、最重要的一类染发剂。

1. 暂时性染发剂

一般由一些大分子的染料或颜料组成，由于分子量较大，无法进入到发丝内部，基本附着在头发表面，所以很容易用香波和水洗掉。但这类染发剂很少损伤发质，也不易透过皮肤，安全性高。

2. 半永久性染发剂

此类染发剂主要是一些相对分子质量较低、可渗透入发丝内部的染料，和头发角质层有一定的亲和力，但在洗发时这些小分子会渗出，一般可耐12

次的洗涤。

3. 永久性染发剂

此类染发剂主要为氧化型染发剂，配方组成主要包括染料中间体、偶联剂和氧化剂等。其染发原理是不直接使用染料，而是使用无色的染料中间体，这些染料中间体分子量较小，可渗透到发丝内部，与同样渗入发丝内部的氧化剂、偶联剂发生氧化聚合反应变成大分子染料而使头发上色，在发丝内部形成的大分子染料很难从发丝内部出来，因而难以被洗脱，色泽持续的时间较长。

常用的染料中间体为对苯二胺类、氨基酚类物质，以对苯二胺类最为常用。它是目前人们对染发产品安全性隐患最为关注的一类成分，因此有些染发产品为强调其安全性，特意在产品标签上标明"不含对苯二胺"的字样。其实，只要是这类染发剂，即便不含对苯二胺，也一定会有其他染料中间体，同样存在安全隐患，只是对苯二胺最常用，所以人们对它的关注更多些而已。偶联剂主要有间苯二酚、对苯二酚等。氧化剂多用过氧化氢及过硼酸钠等。

通常将此类染发产品制成 A、B 两管，A 管中主要是染料中间体，B 管中主要是氧化剂，使用时再将两者混合。市面上销售的二剂型染发化妆品有粉状、液状、膏霜状等剂型，其中膏霜型最为常用。

染发产品在使用时很容易出现过敏反应，其中引起过敏反应的主要物质为染料中间体及氧化剂，可引起某些敏感个体出现急性过敏反应，如皮炎、荨麻疹、哮喘，甚至出现发热、畏寒、呼吸困难等严重反应。因此，消费者一定要购买正规产品，在使用前应认真阅读使用说明，并按要求做试敏试验，确认安全后才可使用。

寡肽 –1 和人寡肽 –1 有何区别，
二者均可用作化妆品原料吗

寡肽 –1 和人寡肽 –1 并非同一种物质，寡肽 –1 为甘氨酸、组氨酸和赖氨酸 3 种氨基酸组成的合成肽；而人寡肽 –1 又名表皮生长因子（EGF），是由 53 个氨基酸组成的 "53 肽"。寡肽 –1 收录于我国《已使用化妆品原料名称目录》（2015 年版），一般作为皮肤调理剂使用；而人寡肽 –1 未被收录于该目录，一般在医学领域使用较多，若在化妆品配方中添加或者产品宣称含有人寡肽 –1 的，均属于违法产品。

由上可知，不同于寡肽 –1，人寡肽 –1（EGF）不得作为化妆品原料使用，因为其对人体皮肤组织的结构与功能均会产生较大程度的影响，它能够促进细胞增殖分化，在分子水平上对细胞进行修复和调整，快速修复受损皮肤，紧致皮肤，增强皮肤弹性，且能预防粉刺，减少疤痕形成，还具有美白淡斑、防晒及晒后修复等作用。然而，为了追求产品的效果，许多生产厂家把 EGF 当作寡肽 –1 添加到化妆品中，直到 2019 年 1 月国家药品监督管理局发文，明确指出寡肽 –1 与人寡肽 –1（EGF）不是同一种物质，人寡肽 –1（EGF）不能作为化妆品原料使用。至此，相关生产厂家对涉及的产品配方进行了调整和修改。

EGF 不能作为化妆品原料的原因，主要是基于有效性及安全性方面的考虑。一方面，由于 EGF 分子量较大，在正常皮肤屏障条件下较难被吸收而影响其有效性；另一方面，一旦皮肤屏障功能不全，可能会引发其他潜在安全性问题。作为消费者，在购买宣称含 "寡肽" 类成分的化妆品时，一定要关注产品成分表，不要购买产品成分表中含有 "人寡肽 –1" 或 "EGF" 的产品。

（谷建梅）

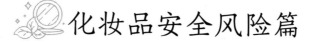# 化妆品安全风险篇

　　随着化妆品使用的日益广泛，消费者在享受化妆品所带来的养护及美丽作用的同时，由化妆品所引起的不良反应也随之增多。这些不良反应有些源自产品的质量问题，而有些则是因为消费者选用不当所造成的。因此，引领消费者了解化妆品的安全风险，确保化妆品使用的安全性已刻不容缓。

为什么安全性是化妆品的首要特性

化妆品作为人类日常生活使用的一类消费品，除需符合有关化妆品法规外，还必须满足以下基本特性。

1. 高度的安全性

化妆品是与人体直接接触的日用化学制品，使用时间长久，使用群体广泛。如若有副作用，与外用药品相比，化妆品对人体的影响更为持久，对人体的危害将会更大。因此，保证化妆品长期使用的安全性，防止化妆品对人体皮肤、毛发部位产生损害极为重要。

2. 相对的稳定性

化妆品出厂后，需要经过运输和一定的货架停留时间，才能到达消费者手中，并且将化妆品消耗完也需要一段时间，这就要求化妆品在从出厂到消费者手中，再到消费者将化妆品全部用完的过程中，其性质如香气、颜色、形态、质地等方面均不应发生改变。因此，化妆品应具有一定的稳定性，即在一段时间内（保质期内），即使在严寒或酷热的环境中，化妆品也能保持其原有的性质不发生改变。

化妆品在存储和使用过程中，微生物的滋生与繁殖是导致其变性变质的重要因素，防腐剂的添加则是通过抑制微生物来保证化妆品的稳定性的。同时，乳膏类产品是化妆品中最常见的类型，属于油水分散体系，其在储存过程中，随着时间的延长或存储温度的变化，可能会出现渗水或渗油等形态上的变化，乳化稳定剂的添加则能保证这种分散体系的稳定性。然而，化妆品的稳定性只是相对的，对一般化妆品来说，要求其在2~3年内稳定即可，永久的稳定性是不可能的。

3. 良好的使用性

与药品不同，化妆品除要求其安全、稳定外，还必须满足消费者感官上的需求，需要色、香兼备，而且必须使用舒适。然而不同消费者对于化妆品的使用感觉并不完全相同，所以只要产品在使用感上能够满足大多数人群的需求即可。

4. 一定的有效性

化妆品的使用对象是健康人，其有效性有两方面的含义：一是指基础护肤类产品所应达到的护肤作用；二是指一些有特定功能的化妆品所具有的功效性，如美白祛斑类化妆品的美白作用等，这种功效性依赖于配方中所添加的活性物质。同时，化妆品的有效性应是一种柔和的作用，不仅应具有配方所应达到的一定疗效，同时还要达到有助于保持皮肤正常的生理功能以及容光焕发的效果。

在上述特性中，高度的安全性是化妆品的首要特性。在化妆品的使用过程中，决不允许其对人体产生任何刺激和损伤。无论是生产厂家，还是消费者，均应高度重视化妆品的安全性。作为生产厂家，应把好质量关，从源头上杜绝安全隐患；作为消费者，在选择、储存及使用化妆品的过程中，也应把安全因素放在第一位，确保化妆品的安全性。

化妆品的安全隐患来自哪些方面

1. 假冒产品

生产厂家没有合法的生产资质，在产品包装上使用不真实的厂名、厂址、商标、产品名称、产品标识等，从而使客户、消费者误以为该产品就是正版的产品，属于假冒产品。

2.劣质产品

生产厂家具有合法的生产资质，但其生产出的产品不符合国家相关法规的要求，产品质量低劣，属于伪劣产品。

3.选择不当

一方面，消费者在选择化妆品时可能选购的是假冒伪劣产品；另一方面，消费者所选购的虽然是合法厂家生产的合格产品，但在选择时没有考虑自身的具体情况，如身体状况、皮肤类型、皮肤状况及年龄等因素，使所购买的产品并不适合自己，导致使用过程中出现安全隐患，尤其是一些特殊人群如儿童、孕妇等，在选购化妆品时更应加以注意。

4.使用不当

消费者在使用化妆品过程中会涉及两个问题，一是如何使用，二是如何保存，两者中任何一方面没有做好，均会引起安全性问题。首先，在化妆品的使用过程中，有些消费者并不关注产品标签或说明书上的使用说明，没有按照使用说明合理地使用化妆品，如在使用染发产品时，没有按照使用说明做试敏试验，导致在染发后出现过敏现象的发生；再如有些浓妆的消费者没有及时卸妆的习惯，经常带妆入睡，时间久了同样会出现皮肤问题。其次，如果化妆品保存不当，导致化妆品在保质期内质量下降，消费者在使用过程中就会存在安全隐患。

上述四个因素中，前两个因素来自生产厂家，这就要求国家监管部门加大对化妆品行业的监管力度，从源头上杜绝化妆品的安全隐患。而后两个因素是消费者自身的问题，因此如何引导消费者科学、合理地选择和使用化妆品非常重要。只有针对消费者做好有关化妆品安全风险、基础知识以及选用方法等知识的普及，才有可能避免由消费者自身所带来的不安全性因素。

化妆品可能引起的不良反应有哪些

化妆品不良反应是指正常使用化妆品所引起的皮肤及其附属器官的病变，以及人体局部或者全身性的损害。消费者在使用化妆品过程中或持续使用化妆品一段时间后，由于某些原因可能会引起皮肤的不良反应，甚至引起全身性的不良反应。其中皮肤不良反应主要表现为皮肤、黏膜及皮肤附属器的损害，包括化妆品接触性皮炎、化妆品光接触性皮炎、化妆品色素异常性皮肤病、化妆品甲损害、化妆品唇炎、化妆品毛发损害、化妆品痤疮以及其他皮肤不良反应；全身性的不良反应主要以重金属中毒及致癌、致畸为主。

导致化妆品不良反应的因素主要有两方面：一是化妆品产品方面，产品中的油质原料、表面活性剂、色素、防腐剂及香料等成分有可能会对人体产生不良刺激，导致机体出现不良反应，或消费者使用的是假冒伪劣产品；二是消费者方面，有些消费者使用化妆品的方法不得当，如涂抹化妆品过多、过厚以及卸妆不及时、不彻底等，也可能与消费者自身是过敏体质或其皮肤屏障功能过于薄弱等因素有关。

化妆品引起的接触性皮炎有什么特点

化妆品接触性皮炎是化妆品引起的皮肤病中最常见的类型，占 62%~93%，分为刺激性接触性皮炎和过敏性接触性皮炎两大类。其中刺激性接触性皮炎占绝大多数，它是由于接触化学物质引起的皮肤炎性反应而产生的非特异性损伤；过敏性接触性皮炎是指接触过敏原后，通过免疫机制而引起的皮肤炎性反应。能够引起化妆品接触性皮炎的原料有很多，包括香精香料、防腐剂、乳化剂、抗氧剂、防晒剂、植物添加剂等，其中最常见的就是香精香料和防腐剂。

1. 刺激性接触性皮炎

刺激性接触性皮炎在化妆品接触性皮炎中占绝大多数，其临床表现存在较大差异，与刺激物的种类及剂量大小有关。皮肤刺激初期仅表现为主观上的感觉刺激，并无皮肤形态上的改变，随后可能会出现临床症状，产生皮肤损害。急性期皮损主要表现为不同程度的干燥、脱屑、红斑、水肿、水疱及破溃后的糜烂、渗出等；慢性期则表现为不同程度的皮肤增厚和浸润等。

刺激性接触性皮炎的皮肤损害主要发生在化妆品的接触部位，并且界限清楚。同时，患者自身感觉局部皮损部位灼热或疼痛，瘙痒感较为少见。

2. 过敏性接触性皮炎

此类皮炎的发生同患者是否为过敏体质及对接触的化妆品是否过敏有关。急性期表现为红斑、水肿，随之出现丘疹、水疱、渗出和结痂；慢性期表现为皮肤苔藓化和色素沉着等。

过敏性接触性皮炎的皮损部位最初主要局限在化妆品接触部位，而且初次接触时，并不发生反应，再次接触同类物质后，可于几小时或 1~2 天内出现症状，严重时可向周围或远隔部位扩散。此类皮炎可伴有广泛的瘙痒感。

对于化妆品接触性皮炎来说，无论是两种类型中的任何一种出现，均应及时彻底地清除皮肤上存留的化妆品，并停止使用引起皮肤病变或可能引起病变的化妆品（我们称之为"可疑化妆品"）。大部分化妆品接触性皮炎病情较轻，通常具有自限性，即只要避免接触可疑化妆品一段时间后，即可自动痊愈。对于普通消费者而言，若需治疗，应在医生指导下进行，切勿私自滥用药物，以免加重病情。

什么是化妆品光接触性皮炎

化妆品光接触性皮炎是指患者接触化妆品后，由于化妆品中对光敏感的成分与紫外线共同作用，在化妆品的接触部位或其邻近部位所引起的各种皮

肤损伤。皮损发生的部位通常是涂抹化妆品同时又受到阳光或紫外线照射处。皮损症状与化妆品接触性皮炎类似，急性期主要表现为红斑、水肿、丘疹和水疱等，慢性期表现为皮肤增厚、苔藓化和浸润等。患者自觉症状为不同程度的灼热和瘙痒感。

此类皮炎的严重程度与化妆品的使用量、使用频率以及阳光或紫外线的照射量有关。当停用可疑化妆品，减少阳光照射，则皮损就会逐渐减轻甚至消退，但如果再次使用该化妆品并暴露于阳光下会引起复发。出现此类皮炎后，应及时彻底清除存留在皮肤上的化妆品，并停止使用可能引起皮炎的可疑化妆品，同时避免阳光或紫外线对皮肤的照射，对于症状持续不减轻的患者，应及时就医。

色素异常性皮肤病与化妆品有关吗

色素异常性皮肤病是指因各种原因引起的皮肤黏膜色素代谢异常的一类疾病，包括色素增加和色素减退两类情况。其中化妆品是引起皮肤出现色素异常的原因之一。

化妆品引起的色素异常性皮肤病是由于患者接触化妆品后，化妆品中的某种成分直接将皮肤染色或刺激皮肤色素增生，在接触部位或其邻近部位发生色素异常，或者由于化妆品接触性皮炎以及化妆品光接触性皮炎的炎症消退后局部出现的皮肤色素沉着或色素减退性改变。

化妆品色素异常性皮肤病患者一般均有明确的化妆品接触史。出现的色素异常主要发生在接触化妆品的部位，或被阳光或紫外线照射的部位，或者是曾经发生过化妆品接触性皮炎或化妆品光接触性皮炎的部位。出现的色素异常的严重程度与化妆品的使用量和使用频率有关，同时也与照射的阳光或紫外线的强度与照射时间有关。出现的症状以色素沉着性斑更为常见，也可出现色素减退性斑，色斑的边界较为模糊。

化妆品色素异常性皮肤病的主要病因可能与化妆品中所含有的不纯的矿

物性油脂、某些染料及对光敏感的香料等有关。其出现的色素沉着多为暂时性的，少则半年或一年，多则两年可以逐渐减轻。

化妆品引起的甲损害有哪些特点

　　长期使用指甲用化妆品是有可能损害指（趾）甲的，这种情况我们称之为化妆品甲损害。它是指长期使用指甲用化妆品后致使指（趾）甲脱水脱脂而造成正常结构被破坏，从而出现的甲剥离、甲软化、甲变脆以及甲周皮炎等甲部病变。甲损害的严重程度与产品的质量、使用量和使用频率密切相关。当停用引起甲损害的化妆品后，甲损害一般不可能改变，只能通过长出新的指（趾）甲来恢复甲的健康状态，但甲周皮炎可随化妆品的停用而逐渐减轻甚至消退。如果再次使用该化妆品时，会出现相同的甲损害和甲周皮炎。

　　化妆品之所以会引起甲损害，可能与指甲用产品中存在的染料、颜料、胶质类物质及所用的有机溶剂等有关。其中染料或颜料等可引起刺激性反应、过敏反应以及与紫外线共同作用而引起的光毒性和光敏性甲周皮炎等；卸甲油中的有机溶剂容易引起指（趾）甲脱脂，使指（趾）甲的甲板失去光泽，出现变脆、变形以及裂纹等现象。

化妆品引起的接触性唇炎有哪些特点

　　接触性唇炎是指唇部及其周围皮肤接触某些刺激物或致敏物质而引起的过敏性炎症性疾病。化妆品是引起接触性唇炎的常见原因之一，其发病部位为上、下口唇黏膜，也可波及口周皮肤。患者在使用唇膏等口腔用化妆品数小时或数日后发病，皮损表现为口唇肿胀、水疱、糜烂、结痂等，患者自觉干绷、灼痛或瘙痒，病久者可出现口唇肥厚、干燥、脱屑及皲裂等，严重者可超出唇部，附近皮肤出现接触性皮炎或光接触性皮炎的临床表现。皮损的严重程度与化妆品的使用量、使用频率或同时被阳光或紫外线照射有一定关系。

作为消费者，一旦发生此类唇炎，应及时彻底清除唇部存留的化妆品，并停用所有引起病变的可疑化妆品。一般情况下，停用可疑化妆品后皮损会逐渐减轻甚至消退，但是如果再次使用，则病情会复发。

化妆品引起的毛发损害有哪些特点

化妆品引起的毛发损害是指消费者在使用化妆品后出现的毛发异常的一系列症状，但不包括脱毛产品所产生的效果。此类毛发损害一般有明确的毛发化妆品接触史，主要发生在接触部位，损害的严重程度与化妆品的使用量及使用频率密切相关。其主要表现为毛发干枯、断裂、分叉、脱落以及脱色等现象。

化妆品引起毛发损害的原因主要有两方面：一方面是由于化妆品中所含有的某些成分有可能会对毛发产生损害，如染发产品中的染料、洗发产品中的清洁成分、烫发产品中的烫发剂等，尤其是在这些成分用量过大的情况下，更容易对毛发产生伤害；另一方面是消费者使用发用产品方法不当，如洗发时过量使用洗发产品导致头发脱脂、干枯，染发以及烫发次数过频导致头发变脆、断裂等，使毛发受到伤害。因此，科学、合理地使用发用化妆品对于保持毛发健康非常重要。

化妆品引起的痤疮有哪些特点

痤疮是一种常见的毛囊皮脂腺慢性炎症性疾病，青少年多见，俗称"青春痘""粉刺"等，是在大多数青年男女中较为普遍的一种皮肤病。导致痤疮发生的原因很多，其中化妆品的使用是引起痤疮不可忽视的原因之一，我们把这种痤疮称为"化妆品痤疮"。它一般是在连续接触化妆品一段时间后，在接触部位出现痤疮样毛囊皮脂腺炎症。

化妆品痤疮的发生常见于有痤疮史的患者，但有痤疮史不是先决条件。其皮损主要发生在接触化妆品的部位，往往是在使用可疑化妆品一段时间后才出现，以较多闭合性粉刺（白头粉刺）周围伴有少量脓疱或以小脓疱为主，也可出现开放性粉刺（黑头粉刺），但数量较少。皮损的严重程度与化妆品的使用量和使用频率有关，当停用化妆品后皮损可逐渐减轻甚至消退，但如果再次使用该化妆品后会出现相类似皮肤损害。一般情况下，严重的炎症性皮损在化妆品痤疮中少见。

化妆品痤疮是一种外源性痤疮，其发生与化妆品质量和使用化妆品不当有关，可能是产品中的某些原料阻塞毛囊孔或刺激毛囊皮脂腺导管过度角化增生以及产生接触性过敏等，诱发或加重了细菌感染。

什么是化妆品不耐受

化妆品不耐受是指消费者在使用化妆品过程中面部皮肤出现的不良感觉或反应的现象。这种不耐受多以主观感觉为主，如自觉皮肤在使用化妆品后出现烧灼、刺痛、瘙痒或紧绷感，而皮肤外观无皮疹或仅有轻微的红斑、脱屑及散在的丘疹存在。通常对于化妆品不耐受的人群，往往对多种化妆品均不能耐受，严重时甚至不耐受所有护肤品。

化妆品不耐受的发病机制目前还不完全清楚，可能是由化妆品中的某些成分和消费者自身皮肤状况综合作用引起的结果，主要体现为消费者长期使用劣质产品、频繁去角质及护肤方法不当等，使本来完整的皮肤屏障功能受损，皮肤处于亚临床炎症状态，从而造成化妆品不耐受；或消费者本身是敏感性皮肤，其皮肤屏障功能比正常人脆弱，易对多种化妆品产生不耐受现象；

或本身有皮肤病的患者，如脂溢性皮炎、痤疮患者，过度使用抑制皮脂分泌的产品，虽然使原发病得到了控制，但皮肤正常的皮脂膜受到破坏，使皮肤易受外源性物质（化妆品）的激惹而产生不适感。通过分析上述三点可以看出，引起化妆品不耐受最主要的因素源于皮肤的屏障功能降低，只有采取适当的措施逐渐恢复皮肤正常的屏障功能，才有可能缓解或消除化妆品不耐受现象。另外，消费者的心理因素也是加重化妆品不耐受现象的因素之一，这类人群在使用化妆品之前，就会担心出现化妆品不耐受现象，这种惧怕心理放大了其主观感觉，使其感觉皮肤不适的症状更加明显，进而导致对产品更加不耐受，如此恶性循环。所以，对于化妆品不耐受人群，减轻心理压力，消除惧怕化妆品不耐受心理也是非常必要的。

需要注意的是，由于化妆品不耐受的特点是以主观感觉皮肤不适为主，而皮肤外观的异常表现比较轻微，尽管这部分消费者由于长期的面部不适而非常苦恼，但皮肤外观的症状并不严重，所以往往不被引起重视，直到出现严重炎症时才到医院就医。因此，一旦出现化妆品不耐受现象，应及时就医，切不可置之不理或滥用药物，否则有可能演变为严重的面部皮炎。

化妆品会引起激素依赖性皮炎吗

我国《化妆品安全技术规范》（2015 年版）中明确规定，在化妆品中禁止添加糖皮质激素类、雌激素类、孕激素类以及具有雄激素效应的物质。因此，使用质量合格的化妆品是不会引起激素依赖性皮炎的。但是有少数不法生产厂家及个别美容院，为了牟取经济利益，在产品中违规添加糖皮质激素类物质，消费者使用该类产品后，能够使皮肤在短期内快速达到白嫩细腻效果，但若长期使用此类化妆品，可能会导致面部皮肤产生黑斑、萎缩变薄等问题，还可能出现激素依赖性皮炎等后果。所以了解激素依赖性皮炎的基础知识，避免由于化妆品而引起该病是非常重要的。

1. 激素依赖性皮炎的成因及特征

激素依赖性皮炎是一类急性或亚急性皮炎，通常是由于消费者长期误用含有糖皮质激素的护肤品或使用含有糖皮质激素的药用软膏治疗某些皮肤病后，对激素产生依赖而引起的。此类皮炎的特征是，一旦停用含激素的产品，患者即感觉皮肤灼热、刺痒，面部出现红斑、鳞屑，严重时出现丘疹、毛细血管扩张等症状，再次使用该产品时，皮肤症状缓解，若再次停用，皮炎会复发，如此周而复始、恶性循环，使皮炎症状越来越严重。

2. 激素依赖性皮炎的主要症状

长期使用含糖皮质激素类物质的化妆品，可导致皮肤出现表皮与真皮变薄，色素减退或沉着，血管暴露，酒渣样、痤疮样皮炎等病理改变。其具体表现为皮肤敏感性增高，对冷热变化等环境因素以及各种化妆品的敏感性增强；皮肤出现弥漫性潮红、红斑、脱屑、皲裂等症状，或粉刺、炎性丘疹、脓疱及结节样损害等酒渣样、痤疮样皮炎表现；皮肤色素异常沉着，出现黑变病，表现为弥漫性或局限性淡棕色、灰褐色或青褐色色素沉着斑，严重者皮肤可呈现黑色、紫色或蓝黑色；皮肤毛细血管扩张、多毛或表皮萎缩等。上述症状一般以 1~2 种为主，同时患者伴有皮肤干燥紧绷感、烧灼感、刺痛以及强烈的瘙痒感等。病程一般为 3 个月至半年。

3. 远离含激素类化妆品，慎用含激素药膏

由于激素依赖性皮炎所导致的皮肤损害给患者带来了巨大的痛苦，故提醒广大消费者，对于这类皮肤病应以预防为主，在选择化妆品时一定要提高警惕，千万不要追求化妆品的短期效果。尤其是有些患者已经知道所用的护肤品中含有激素，但为了缓解症状，而又不得不继续使用，结果使皮肤受损进一步加重，导致皮肤出现黑斑甚至萎缩等不良后果，对容貌产生严重影响，最后使患者产生自卑甚至绝望心理。另外，对于已经出现激素依赖性皮炎症状的患者，应及时就医，在医生的指导下坚持治疗，同时注意心理调节，增强治愈疾病的信心，切不可为了短期缓解症状而继续使用含有激素的化妆品，以免对皮肤造成更严重的伤害。

对于需要使用外用药膏治疗皮肤病的消费者，一定要关注药膏中是否含有激素，对于含有激素的药膏，必须在医生的指导下使用，切不可盲目自信，以免由于使用不当而引发激素依赖性皮炎。

哪类化妆品中可能会被违规添加激素类物质

化妆品中被违规添加的激素类物质通常是糖皮质激素，它是肾上腺皮质分泌的一类甾体激素，其种类很多。常被不法商家违规添加到化妆品中的主要有氯倍他索丙酸酯、倍他米松戊酸酯、氟轻松、地塞米松、倍他米松、曲安奈德等。根据近几年国家药品监管部门的抽检结果显示，最常被检出的是地塞米松和氯倍他索丙酸酯两种糖皮质激素成分。

我国《化妆品安全技术规范》（2015年版）中明确规定，化妆品中禁止添加糖皮质激素类物质，一些不法商家之所以敢于铤而走险，违规将糖皮质激素添加到化妆品中，是因为糖皮质激素具有显著的抗炎、抗过敏、美白以及增加皮肤含水量等作用，能在很短的时间内消除皮肤的炎症以及过敏症状，改善皮肤的不良状态，使皮肤看起来更加白嫩光滑，因而能够使某些化妆品产生立竿见影的功效。以下几类化妆品常常是糖皮质激素被检出的高发区。

1. 面膜

面膜的种类很多，其中贴布式面膜使用起来最为方便，深受爱美人士喜爱。贴布式面膜作为面膜市场的主流，市场销量巨大，在所有各类化妆品中，它是被检出激素频次最高的一类产品。

不法商家在面膜中违规添加糖皮质激素，以追求产品在使用后能够快速使皮肤更加白嫩、细腻、光滑。消费者在使用了含激素的面膜后，因其立竿见影地改善皮肤状况的效果，促使消费者持续使用，一旦停用，皮肤就会出现弥漫性潮红、红斑、脱屑、皲裂、色素异常沉着、血管显露等症状，甚至出现黑变病以及表皮萎缩等严重后果，即产生了激素的依赖性。

现国家药品监管部门每年都会查获多批次的激素面膜，其中非法添加丙酸氯倍他素的面膜最多。

2. 改善"痘痘肌"类化妆品

此类化妆品是针对患有痤疮的消费群体，主要通过在产品中添加《化妆品安全技术规范》（2015 年版）中允许使用的功效性组分，用以缓解、改善消费者面部的痤疮症状。

痤疮是非常常见的一类损美性皮肤病，严重影响人的容貌美，因而，能够显著改善痤疮症状的化妆品是痤疮患者的迫切需求。在痤疮的发病机制中，炎症反应及免疫失调是其中的重要因素，而在化妆品中作为禁用组分的糖皮质激素具有强大的抗炎、抗过敏作用，含有糖皮质激素的化妆品能够快速改善痤疮患者的皮肤损害状况，使痤疮逐渐减小，直到消失。然而，在痤疮患者认为自己的"痘痘肌"已经恢复健康状态，停止使用此类含糖皮质激素化妆品后，皮肤又会重新爆痘，并且出现起皮、毛细血管暴露等症状，痤疮症状比先前更为严重，而再次使用此类化妆品时，皮肤又会好起来，这说明该患者的皮肤已经对被称为"皮肤鸦片"的糖皮质激素产生了依赖性。

因此，对于痤疮患者而言，在选用改善痤疮的化妆品时，切不可追求速效，对于使用后效果显著且起效快速的化妆品务必警惕，以免因误用了含激素的化妆品而对自身造成伤害。

3. 祛斑美白类及宣称"养颜嫩肤"类产品

祛斑美白类化妆品一直对爱美女性具有特殊的吸引力，延缓皮肤衰老、拥有白皙柔嫩肌肤也是所有女性消费者所追求的目标。然而，无论是祛斑美白还是养颜嫩肤，糖皮质激素的违规添加，都会使产品的功效立竿见影。国家药品监督管理局官网 2019 年 2 月发布的《关于 12 批次不合格化妆品的通告》中，有 8 批次祛斑美白及养颜嫩肤的产品中被检出糖皮质激素，包括氯倍他索丙酸酯、倍他米松、倍他米松戊酸酯以及地塞米松。

综上所述，在违规添加激素的各类化妆品中，有些是"三无"产品或假冒产品，而有些则是劣质产品，随着《化妆品监督管理条例》的实施，国家监管部门对化妆品市场将进行更加严格的管控。作为消费者应加强自身安全意识，理性消费，拒绝速效产品的诱惑，不购买和使用来路不明的化妆品，选择可信赖的品牌和渠道。对于祛痘、祛斑美白、养颜嫩肤以及淡化红血丝类的产品，尤其是面膜类产品，需谨慎对待，尽量避免使用针对这些问题的速效产品。

化妆品有可能导致哪些重金属中毒

人们在选择化妆品时，往往会过分注重其美白、抗皱等功效，而很少考虑产品中所含化学成分的长期积累效应问题，包括化妆品中的重金属及其潜在危害。重金属通常是指相对密度大于 $4.5g/cm^3$ 的金属，在工业上真正划入重金属的金属元素有铜、铅、锌、锡、镍、钴、锑、汞、镉和铋 10 种，其中毒性最大的是汞、铅、镉和类金属砷，我国禁止在化妆品中添加这四种重金属及其化合物。在化妆品生产过程中，除了一些不法厂家人为添加这些重金属及其化合物外，作为某些原料中的杂质，这些重金属也可能会随着原料而残留于产品中，给消费者带来潜在的健康问题。我国 2015 年版《化妆品安全技术规范》对 2007 年版《化妆品卫生规范》中的铅和砷含量要求进行了调整，铅的最大限制含量由原来的 40mg/kg 下调至 10mg/kg，砷的最大限制含量由原来的 10mg/kg 下调至 2mg/kg，汞的最大限制含量仍然是 1mg/kg，同时增加了对镉含量的限制，规定镉的最大限制含量为 5mg/kg。

国家药品监管部门在制定法规性文件时，之所以对化妆品中重金属的限量要求越来越严格，是因为重金属在体内的代谢速度较慢，如果长期使用含有重金属的化妆品，这些重金属会在体内逐渐积累，久而久之势必会导致蓄积性中毒，从而危害人体健康。

1. 汞中毒

汞是常温下唯一以液态形式存在的金属，由于它的特殊物理性质，表现出易蒸发、吸附性强、容易被生物体吸收等特性。汞中毒通常分为 4 级：

①汞吸收量增加：这是最轻微的汞中毒，患者往往没有明显的症状，但尿中汞含量增加；②轻度汞中毒：出现不同程度的神经衰弱症状或肾功能改变、口腔黏膜炎等；③中度汞中毒：有明显的情绪紊乱或性格异常、手指震颤以及肾功能改变、口腔黏膜炎等；④重度汞中毒：有明显的精神症状，肢端震颤症状突出，甚至出现汞中毒性肾病综合征。另外，对于围产期女性来说，由于汞能够穿透胎盘屏障，并存在于乳汁中，还会给胎儿或婴幼儿带来不利影响。

化妆品中最容易出现汞中毒的是美白祛斑类化妆品，主要是由于汞离子可以抑制皮肤中黑色素的生成，具有确切的美白效果。少数不法生产商为了追求显著的美白效果，在美白祛斑类产品中人为添加汞及其化合物，如氯化氨基汞，使其产品中汞含量严重超标，从而致使部分消费者罹患化妆品汞中毒，出现一系列的汞中毒表现，严重危害了消费者的身心健康。目前的临床研究证实，化妆品汞中毒患者使用的产品，其汞含量常常超标数百、数千乃至数万倍，而低于汞限量标准（1mg/kg）的化妆品不会导致汞中毒。因此，使用符合国家法规标准的合格化妆品是不会导致汞中毒的，这就要求消费者在选择化妆品时要擦亮眼睛，要在正规渠道购买合格产品，对于宣称有快速美白效果的产品一定要高度警惕。

2. 铅中毒

铅不是人体必需元素，于健康无益，人体内的铅含量越低越好。铅可通过呼吸道、消化道和皮肤进入人体，主要由肾脏代谢，经尿液排出。

在含铅汽油广泛使用的年代，汽车尾气将铅大量排放至空气中，而过多摄入膨化食品、含铅松花蛋、滥用偏方、使用釉上彩餐具等生活习惯，都可能带来铅的污染问题。但需要注意的是，一些伪劣的化妆品同样会给人体带来铅的污染，长期使用有可能会导致铅中毒的发生。

化妆品中的铅及其化合物主要来自两种情况：一是有些不法生产厂家为追求更好的美白效果及更高的经济效益，非法将铅化合物添加到美白祛斑类产品中，特别是一些"三无"产品，仍旧以铅化合物作为主要美白成分。这些生产厂家之所以敢于冒险违规，是由于铅化合物遮瑕美白效果好，且成本低廉。同时，铅化合物又具有良好的上色性，也极可能被添加到染发产品中。二是由于使用不纯原材料，铅作为原材料中的杂质也会被带到产品中，导致化妆品中含铅，所以把好化妆品原料的质量关，是防止化妆品铅含量超标的必须要务。

铅对所有的生物都具有毒性。若消费者长期使用含铅化妆品，会导致慢性中毒，使人体神经系统、消化系统和血液系统受到损害，也有可能造成肾脏及生殖系统损伤，出现慢性肾功能衰竭及影响生殖功能。医学研究证实，女性对于铅的毒性作用更为敏感，且孕妇体内的铅可以通过胎盘、乳汁危害胎儿、婴幼儿的健康，引起流产、早产、死胎及婴儿铅中毒。同时，儿童正处于生长发育期，神经系统、内分泌系统等组织器官尚未发育成熟，对铅的毒性较成人更为敏感，更容易受到铅的损害，部分儿童血铅含量超标与母亲染发相关。

为进一步加大对化妆品领域含铅化妆品的监管，确保消费者的健康不受侵害，我国 2015 年版《化妆品安全技术规范》对化妆品中铅的最大限量规定由原来的 40mg/kg 调整为 10mg/kg，提高了化妆品使用的安全性，只要消费者在正规渠道购买合格化妆品，就可以避免化妆品铅中毒的发生。

3. 砷中毒

砷是自然界存在的固有元素，分布广泛，通常以硫化物的形式存在，如雄黄等，并且经常以混合物的形式存在于金属矿石中。砷及其化合物的毒性取决于它的水溶性，如雄黄的水溶性很低，因而毒性较低，而砷的氧化物和盐类多属于高毒物质。

砷的化合物可以通过呼吸道、皮肤、消化道吸收进入人体，中毒剂量的砷常来源于含砷药物、杀虫剂、工业原料以及被砷污染的环境等。如果长期使用砷含量超标的化妆品，同样可能会导致砷中毒。

化妆品引起的砷中毒可导致皮肤病变和多脏器损伤。皮肤病变主要表现为表皮增厚粗糙、色素沉着或脱失，皮肤出现感染、溃疡，甚至坏死及癌变等。脏器损害多见于肝脏损伤，导致肝硬化。另外，还可导致周围神经病变，出现肢体麻木、运动障碍或肢体瘫痪。值得注意的是，砷可作为杂质存在于某些化妆品原料中，所以化妆品中砷含量超标往往源于使用了劣质原料引起的。

鉴于砷及其化合物给人类带来的潜在危害，也鉴于化妆品与人体皮肤黏膜的广泛、长期接触，我国 2015 年版《化妆品安全技术规范》对化妆品中砷的最大限量规定由原来的 10mg/kg 调整为 2mg/kg，从而进一步降低了消费者砷中毒的风险。

4. 镉中毒

镉及镉化合物毒性较强，被人体吸收后可与低分子量的蛋白质结合成为金属蛋白，积蓄在各组织器官中，难于排出体外，对心脏、肝脏、肾脏、骨骼肌及骨组织产生损害，还有可能导致高血压、心脏扩张、早产儿死亡及肺癌等，所以镉及镉化合物禁止用于化妆品中。我国 2015 年版《化妆品安全技术规范》中首次对化妆品中镉的最大含量做出了规定，规定镉在化妆品产品中的最大含量不得超过 5mg/kg，进一步降低了镉中毒的风险。

镉还可作为杂质存在于化妆品原料中，如具有遮瑕和防晒作用的氧化锌中就含有镉，因为氧化锌是一种矿物质原料，含有氧化锌的闪锌矿中常常含有镉。因此，原料质量过关是生产合格化妆品的先决条件。

化妆品有致癌风险吗

长期以来，化妆品能否致癌一直是广大消费者以及化妆品研究者非常关注的问题，尤其是一些特殊人群如长期频繁染发者，对染发产品中染发剂的安全性更是倍加担心。近几年来，人们较为关注的有致癌风险的化妆品成分主要有苯二胺类物质、石棉、三氯生、二噁烷以及铅、镉等重金属等。

1. 苯二胺类物质

此类物质是目前应用最广泛的染发剂原料，以对苯二胺为代表，是已被确认的有害物质，可经皮肤吸收，引起皮疹，并使肝脏受到损害，经常染发和从事染发工作的人，膀胱癌、皮肤癌和淋巴瘤患病率显著高于一般人。我国对于这类物质在化妆品中的用量具有严格的限制规定。但目前全球均没有直接证据证明苯二胺类染发产品会导致癌症。

2. 石棉

石棉是一种纤维状的硅酸盐类矿物质，存在于地层岩石当中，属于致癌物质。长期吸入石棉纤维可引起石棉肺、肺癌、胸膜间皮瘤等，目前已有许多国家禁止使用各类含有石棉的产品。通常化妆品中不会添加石棉，但我国曾经在爽身粉中检测出石棉，推测检出的石棉可能来源于主要原料滑石粉，因为滑石粉是一种矿物质粉类原料，与含有石棉成分的蛇纹岩共同埋藏于地下，因此，滑石粉中可能含有石棉成分。我国 2015 年版《化妆品安全技术规范》中规定，在化妆品中不得检出石棉，所以使用符合国家法规的合格化妆品是不会有石棉致癌的风险的。

3. 三氯生

三氯生又称为"玉洁纯""玉洁新""三氯新"等，是化妆品中允许使用的一种防腐剂，其防腐、抗菌作用较强，在化妆品中最大允许使用浓度为 0.3%。曾有学者提出，三氯生与经氯消毒的水接触后会产生三氯甲烷，如果长期使用，通过皮肤进入人体的三氯甲烷会导致抑郁、肝损伤，甚至可以致癌。但只要是符合国家法规的化妆品，其含有的三氯生以及其生成的三氯甲烷的量均是很微小的，目前尚无确切证据证明在此浓度下的化妆品具有致癌性。

4. 二噁烷

二噁烷是一种含有氧元素的有机化合物，在室温下为无色透明液体，有轻微类似乙醚的清香气味，属微毒类物质，可通过吸入、食入以及皮肤吸收进入体内，对皮肤、眼部和呼吸系统产生刺激，并且可能对肝、肾和神经系统造成损害，急性中毒时可能导致死亡。二噁烷还可能有致癌性，但对人的潜在致癌性较小，对动物的致癌性是已知的，在化妆品中属于禁用物质。

通常化妆品中含有的二噁烷不是人为添加进去的，而是源于名为"聚醚类表面活性剂"的原料，二噁烷是生产这类原料时生成的副产物，而聚醚类表面活性剂在护肤品以及洗发香波、浴液、牙膏等洗漱用品中常用，尤其在洗漱用品中主要作为清洁剂、发泡剂，用量较大，因而，二噁烷也就随之出现在这些化妆品中。

聚醚类表面活性剂中附带的二噁烷并非不可控制，生产商通过一定的工序就可以降低二噁烷的含量，但在《化妆品安全技术规范》（2015 年版）颁布施行之前，这一工序并不是强制性的，因为我国在 2007 年版《化妆品卫生规范》中仅是禁止二噁烷作为化妆品原料添加于化妆品，并没有对化妆品原料及产品所携带的二噁烷的含量做出明确限制。2015 年版《化妆品安全技术规范》中增加了对化妆品产品中二噁烷含量的限制要求，规定化妆品产品中二噁烷的含量必须低于 30mg/kg。自此，对于化妆品原料生产商来说，今后在生产聚醚类表面活性剂时，降低二噁烷含量的生产工序不再是自愿的，而是强制性的。

此外，长期使用重金属含量超标的化妆品也可能会有致癌的风险，如砷中毒可能引起皮肤癌、镉中毒可能引起肺癌等。

虽然化妆品有致癌的风险性，但大家应正确看待这个问题，不必因此而诚惶诚恐，只要在选用化妆品时具有安全意识，在正规渠道选择符合国家标准的合格化妆品，就能够规避致癌的风险性。

什么是换肤综合征

采用化妆品或物理、化学方法使表皮角质层强行脱落，可促进表皮的新陈代谢，使皮肤光滑细腻并富有光泽，由于通过实施前后对比，皮肤看起来焕然一新，因此美容领域称这类美容技术为"换肤术"。过度的换肤术或术后护理不当会对皮肤产生不良影响，导致皮肤敏感，出现色素沉着、丘疹、毛细血管扩张、痤疮以及皮肤老化等症状，如果创伤深达真皮的深层时，皮肤容易形成难看的瘢痕。我们把上述这些后遗症称为"换肤综合征"。

一般情况下，换肤术需要在正规医院的皮肤科或美容科，并由专业的整形美容医师实施，无论是采用皮肤磨削、激光或强脉冲光等物理方法，还是采用化学方法进行换肤，均应严格控制换肤术的强度及频率，并及时处理可能发生的不良反应。同时，"换肤术"后的皮肤非常娇嫩，抵御外界刺激的能力也大大降低，因此术后的科学护理非常重要，应选择温和的洁肤产品和护肤产品，并做好防晒工作。

引起换肤综合征还与下列两种不良现象有关：一是假冒伪劣产品中违规过量添加具有剥脱作用的化学制剂，以追求快速美白或祛斑效果，致使消费者使用后导致角质层过度剥脱，引发换肤综合征；二是美容机构施用自制的不合格化妆品，顾客使用后，虽然皮肤外观得到了暂时性的改善，但皮肤对日光、风、热等环境条件的不耐受接踵而至，皮肤自觉灼热、刺痒等，同时伴有皮肤变薄、干燥、毛细血管扩张以及色素沉着等。以上两类患者通常都有持续使用某个产品的病史，多在不知不觉中出现换肤综合征的皮肤症状。

换肤综合征重在预防。作为消费者，应加强对化妆品基础知识的了解，对化妆品虚假广告宣传具有一定的识别能力，选择化妆品时要有安全意识，摒弃急于求成的化妆品美容心理，切不可轻信一些广告及不法美容机构的虚假宣传。一旦患上换肤综合征，尽管治疗较为困难，而且疗程长，患者也一定要树立信心，在医生的指导下对症治疗。

牙膏中含有哪些对人体有潜在危险的物质

牙膏是人们日常生活中最常使用的口腔卫生用品，直接与口腔内黏膜相接触。其质量安全问题对消费者的身体健康具有重大的影响，这与其中所含有的成分或杂质密切相关。目前牙膏中被大家较为关注的潜在危害物质主要有以下几种。

1. 三氯生

三氯生主要作为防腐剂用于牙膏中，是一种高效抗菌剂，抑菌范围广泛，对多种致病菌均有杀灭和抑制作用，广泛用于高效药皂、消毒洗手液、伤口消毒喷雾剂、医疗器械消毒剂、空气清新剂及化妆品领域。同时，三氯生还广泛用在治疗牙周炎及口腔溃疡等的功效性牙膏及漱口液中。有国外学者提出，三氯生与使用氯气消毒后的水接触所产生的三氯甲烷有致癌的风险。我国2015年版《化妆品安全技术规范》中对其最大使用量进行了限定，规定其使用浓度不得超过0.3%。专家指出，在这种很低的使用浓度下，由其所产生的微量三氯甲烷对人体的影响不足以导致癌症。尽管三氯生是否会间接致癌尚无定论，但含有三氯生的牙膏制品还是受到了一定影响。

2. 二甘醇

二甘醇属于低毒类化学物质，进入体内后能够迅速代谢排出体外，没有明显的蓄积性，迄今为止，未发现有致癌、致畸的证据，但在大剂量摄入人体后会损害肾脏。

二甘醇是牙膏保湿剂的一种，可以防止牙膏干硬，同时也可以增大其他物质在水中的溶解度，使牙膏中的成分遇水后迅速溶化，提高牙膏的使用品质。早期我国牙膏生产企业使用甘油作为保湿剂，但是随着日用化妆品行业的发展，甘油价格在不断上涨，生产厂家就开始用比较便宜的二甘醇替代牙膏中的一部分甘油，使用二甘醇和甘油的混合体作为牙膏的保湿剂，并且一直使用了近20年的时间。从20世纪80年代开始，由于考虑到二甘醇可能给人体带来的不确定的伤害，很多国家尤其是一些欧美国家逐渐停止使用二甘醇，而选用其他更安全的物质作为牙膏的保湿剂，但我国牙膏生产企业并没有重视这个问题，二甘醇在牙膏领域仍在普遍使用。直到21世纪初出现了"牙膏二甘醇"风波，国内多家知名企业的牙膏在境外由于被查出二甘醇而遭遇禁售，尽管国家质检总局一再澄清中国牙膏无毒，但是禁售的范围依旧在扩大。为此，国家出台了牙膏新标准《牙膏用原料规范》（GB 22115-2008），首次规定二甘醇禁止用于牙膏，如作为杂质带入，则在牙膏中二甘醇和乙二醇的总和含量不得超过0.1%。新规定的出台使牙膏的安全性得到了进一步提高。

3. 氟

氟作为牙膏的添加剂用于预防龋齿已被大家所周知，这是因为氟能有效抑制口腔内导致龋齿的病菌，提高牙齿的硬度，增强牙齿的抗龋能力。研究结果表明，含氟牙膏可减少 20%~35% 的龋齿发病率。然而，氟是一种累积性毒物，过量摄入会导致氟中毒，轻者产生氟斑牙，影响牙齿的正常钙化过程，使其失去光泽，齿面粗糙，质地变脆，出现雀啄样陷窝，凹凸不平，并带有黄色、褐色或黄褐色斑点、斑块；重者还会影响骨骼发育，使骨质密度过硬，容易导致骨折（氟化骨症）；严重者可引起恶心、呕吐、心律不齐等急性氟中毒。

为确保含氟牙膏的使用安全，我国出台的牙膏标准《牙膏》（GB/T 8372-2017）中规定，成人含氟牙膏中氟含量在 0.05%~0.15% 之间，儿童含氟牙膏中氟含量在 0.05%~0.11% 之间。但对于生态环境中氟含量较高的地区，饮用水中含氟量较高，当地居民在选择牙膏时应慎重，不建议使用含氟牙膏，否则有可能导致氟摄入过多。另外，氟斑牙通常发生在婴幼儿时期（3 岁以下），因为这一时期的幼儿吞咽控制功能还不完善，刷牙时极易误吞牙膏，导致体内氟含量过高而造成氟中毒，所以婴幼儿也不适宜使用含氟牙膏。

使用染发产品时会出现哪些不良反应

染发产品是一类具有改变头发颜色作用的特殊化妆品，使用后可能引起不良反应。根据国家化妆品不良反应监测系统收到的染发类化妆品不良反应 / 事件报告得知，使用染发产品所出现的不良反应主要以化妆品接触性皮炎和化妆品毛发损害为主，其次为化妆品荨麻疹、化妆品光感性皮炎、激素依赖性皮炎、化妆品痤疮等。发生不良反应 / 事件的部位以头皮、额部为主，其次为颈部、颊部、耳周、口唇、口周、眼周、外耳郭、鼻部、胸部等；主要表现以皮损红斑、丘疹为主，其次为斑丘疹、水肿、渗出、水疱、风团、毛囊炎样、苔藓样变等。使用者自觉症状以瘙痒为主，其次为灼热感、疼痛、紧绷感、干燥、头晕、头痛等。

染发产品中含有哪些对人体有安全风险的物质

染发产品属于特殊化妆品，其使用的安全性一直备受人们的关注。了解染发剂中哪些物质对人体健康有安全风险，对指导我们如何正确使用这类产品、提高安全意识具有重要意义。

1. 染料类

持久性染发剂中的染料成分苯二胺类物质是已被确认的有害物质，可引起某些敏感个体出现急性过敏反应，如皮炎、哮喘、荨麻疹等，甚至会引起发热、畏寒及呼吸困难等，其中以对苯二胺最为常用。目前有些染发产品虽宣称不含对苯二胺，但可能还含有对氨基苯酚以及 2- 氨基苯酚（邻氨基苯酚）等染料成分，这些成分对人体健康同样存在安全隐患。

2. 氧化剂

氧化剂是持久性染发剂中必不可少的组分，以过氧化氢为代表，这类物质与配方中的染料成分发生氧化反应而使头发染上颜色，浓度高时染发效果更好，但同时也大大增强了对头发角蛋白的破坏力，加剧头发受损，使头发容易干枯、变脆、开叉、脱落。

3. 铅

由于铅具有良好的上色性，以致染发剂中往往含有大量的铅，因此铅的含量一直是产品质量检查的重点。早在之前发现的幼儿铅中毒的病例中，由于母亲染发可能导致孩子血液中铅含量超标的病例呈上升趋势。可见，过量摄入铅，不但会影响自身的身体健康，也会影响与其朝夕相处的孩子。鉴于铅的毒性较大，我国 2015 年版的《化妆品安全技术规范》中已经不再将醋酸铅作为准许使用的染发剂原料。因此，选用质量合格的染发产品，基本不会再有由于铅而引起的安全隐患。

染发产品中被禁用的邻氨基苯酚究竟是什么

在国家药品监督管理局《关于 53 批次化妆品不合格的通告》（2018 年第 123 号）中，部分染发产品中被检出禁用组分邻氨基苯酚，该组分对于消费者来讲可能比较陌生，一般不知道这种物质在染发产品中的作用是什么，为什么禁止其用在染发产品中。

邻氨基苯酚又名 2- 氨基苯酚、邻羟基苯胺、1- 氨基 -2- 羟基苯，通常被用在持久性染发产品（市场上最常见的二剂型染发产品）中作为染料中间体使用。此类物质本身为白色或浅灰色结晶粉末，不属于染料，但在氧化剂的存在下能够被氧化成有色物质而使产品具有染色功效。

根据文献报道，2- 氨基苯酚可能会引起人体过敏性皮炎，还可能会引起人体高铁血红蛋白血症。欧盟委员会在 2013 年 4 月修订欧盟化妆品法规（EC）No1223/2009 时，将该组分列入化妆品禁用组分清单。我国参考国际化妆品相关法规，在《化妆品安全技术规范》（2015 年版）中将邻氨基苯酚归为化妆品禁用组分，以保障消费者使用化妆品的安全性。

染发类产品存在哪些安全隐患

染发产品作为特殊化妆品，其良好的市场环境对于保障消费者使用的安全性是至关重要的。对市场上售卖的化妆品进行抽样检查，是国家药品监管部门对化妆品质量进行监督、杜绝化妆品安全隐患的常用方式。据国家药品监督管理局网站近年来公布的有关染发产品的抽检结果来看，目前市场上的染发产品仍然存在诸多安全隐患，主要包括以下几方面。

1. 产品批件过期

2021 年之前施行的《化妆品卫生监督条例》中规定，生产特殊用途化妆品，必须经国务院化妆品监督管理部门批准，取得批准文号后方可生产，而这个有批准文号的文件称为《特殊化妆品行政许可批件》，有效期为 4 年，批件有效期满 4 个月前可提出延续申请。对于批件已经过期的特殊用途化妆品，生产企业不得继续生产。而在国家药品监督管理局网站近年来公布的有关染发产品的抽检结果公告中，有的染发产品在生产该批次产品时，其许可批件已经过期，违反了化妆品法规的规定。

2021 年 1 月 1 日起，《化妆品卫生监督条例》废止，《化妆品监督管理条例》开始施行，此条例规定，生产特殊化妆品，必须经国务院药品监督管理部门审查批准，对符合要求的，准予注册并发给《特殊化妆品注册证》，即施行注册管理，注册证有效期为 5 年。

2. 检出成分与批件配方或标签标识成分不符

正常情况下，化妆品生产企业应当按照获批产品的《特殊化妆品注册证》（2021 年之前为《特殊化妆品卫生许可批件》）中的配方及相关要求进行组织生产，并且在产品标签上进行全成分标识。也就是说，产品批件中的配方组成、产品标签中的全成分表以及产品中实际添加的组分应该是一致的。根据化妆品行政许可受理相关规定，配方变更或可能涉及化妆品安全性的其他变更，应当按照新产品重新申报。但在国家监管部门抽检的不合格染发产品中，实际检出成分与批件配方或标签标识成分不符是出现频次最高的一类违规现象，化妆品生产企业擅自变更产品配方的行为，违反了化妆品法规标准规定，导致产品的使用安全性难以保障。常见的违规现象主要有以下几种情况：①批件与标签标识不一致，即批件配方中含有的染发剂与产品标签标识的染发剂不符；②产品中检出成分与批件及标签标识成分不符，即在产品中检出批件及标签标识中均没有的染发剂；③产品标签标识中染发剂成分指向不明，即对产品中染发剂的标识不明确，存在"可能含有"等含糊词语，如在包装上描述"可能含有对苯二胺、间苯二酚、4-氨基-2-羟基甲苯等"。

3. 超限量添加准用染发剂

我国《化妆品安全技术规范》（2015年版）中规定，染发产品中使用的染发剂必须是《技术规范》中准许使用的染发剂，《技术规范》中对列出的每种染发剂在使用剂量及使用条件方面都做出了限制规定。在被抽检出的不合格染发产品中，部分产品不合格的原因就是染发剂含量超标，其中出现频率最高的是苯基甲基吡唑啉酮。

4. 违规添加禁用组分

邻氨基苯酚是一种染料中间体，属于化妆品禁用组分，添加至化妆品中会提高化妆品的安全风险。在国家药品监督管理局《关于53批次化妆品不合格的通告》（2018年第123号）中，部分染发产品中被检出禁用组分邻氨基苯酚，这些产品的生产企业违反了国家法律法规的要求，使产品的使用安全性难以得到保障。

5. 产品标示保质期与批件不符

在国家药品监督管理局通告的不合格染发产品中，部分产品标签标示的保质期与批件不符，主要有两种情况：①通过产品包装标注的生产日期和限用日期计算，得出的保质期比批件所载保质期长；②产品包装仅标注了限期使用日期，如2020年9月15日，产品批件上的保质期为2年，推算其生产日期应为2018年9月15日，但实际抽样的日期早于2018年9月15日，相当于企业擅自延长了产品的保质期。

6. 注意事项内容不全面

在《技术规范》中列出的75项准用染发剂中，对于1-萘酚、对苯二胺类以及间苯二酚类染发剂，要求必须在产品标签的注意事项中标明含有上述组分。在被国家监管部门抽检的不合格染发产品中，有的产品成分表中有甲苯-2,5-二胺硫酸盐、间苯二酚，但在产品标签注意事项中未标注含上述成分。

总之，目前化妆品市场中仍存在着多种不合格的染发产品，给消费者的使用带来了安全风险，相信随着《化妆品监督管理条例》的落地施行，国家药品监管部门对化妆品行业的监管将会更加严格，违规的不合格染发产品会越来越少。

祛斑美白类化妆品存在哪些安全隐患

在人们生活水平不断提高的当今社会，美白祛斑类产品日益受到消费者的青睐，并已成为爱美人士所追求的目标。然而，美白祛斑类化妆品在满足市场需求的同时，对消费群体的负面影响也逐渐凸显。虽然国家对于此类产品的监管更为严格，但各种违法违规、侵害消费者权益的现象仍层出不穷，很多不合格的美白祛斑类产品甚至给消费者造成了不可挽回的身体和精神上的伤害，严重侵害了消费者的权益，影响了化妆品行业的健康发展。

祛斑美白类化妆品在我国属于特殊化妆品，国家对其监管要比普通化妆品更加严格。此类化妆品存在的安全隐患主要来自以下几方面。

1. 产品中违规添加禁用成分

一些不法生产厂家为追求产品能在短期内出现美白效果，以迎合消费者急于求成的心理，在产品中添加一些禁用的美白成分，主要包括汞、铅、砷、对苯二酚以及一些禁用药物（如糖皮质激素类）等，导致这些成分在产品中的含量严重超标，甚至超标万倍以上，消费者一旦选用了这样的产品，将会对身心健康造成严重的伤害，导致美容不成，反成毁容。

2. 广告宣传对消费者的误导

目前，市场上流通着品类繁多的美白祛斑类化妆品，电视广告、网络宣传及街头传单等铺天盖地，包括一些美容院及美容用品商店在内，在宣传过程中，使用一些极度夸张的语句过度夸大产品的实际功效，使消费者很容易听信这些宣传，而不考虑产品的优劣真伪。

3. 消费者安全意识薄弱

消费者在购买美白祛斑类化妆品时，由于对美白、祛斑的过度渴望以及对化妆品知识缺乏了解，一厢情愿地希望所使用的产品能够快速美白且一劳永逸，有的消费者甚至在网上购买夸大宣传的"三无"产品，忽视了产品的安全问题，尤其是在一些美容院，很多消费者在做增白祛斑美容时，根本不考虑美容院给她们推销的产品质量，这为这类产品的使用埋下了安全隐患。因此，提高消费者使用化妆品的安全意识是极为重要的。

总之，作为消费者，首先应明确一个观念，即皮肤美白祛斑需要一个过程，在短期内不可能出现很明显的效果，对于那些夸大其词，宣传能快速祛斑美白的产品更要加以警惕，提高安全意识，要选择合格的化妆品，为自己的健康负责。

防晒类化妆品存在哪些安全隐患

防晒化妆品是指能够防止或减轻由于紫外线辐射而造成的皮肤损害的一类特殊化妆品。此类产品之所以具有防晒功能，是因为产品中添加了防晒剂。消费者根据自身情况选择适宜的防晒化妆品，能够保护肌肤免受日光中紫外线辐射引起的急性晒伤，同时也能避免由于长年日晒所导致的肌肤提前衰老。但是，目前市场上的防晒化妆品存在诸多不安全因素，通过国家监管部门对市场上现有的一部分防晒化妆品的抽检结果发现，此类化妆品存在的安全隐患主要有以下几方面。

1. 生产企业没有获得产品的《特殊化妆品行政许可批件》

防晒化妆品在我国属于特殊化妆品，生产企业所生产的防晒化妆品必须经过特殊化妆品的审批程序，获得《特殊化妆品行政许可批件》后方可生产销售。生产防晒化妆品的企业没有获得特殊化妆品批件，就相当于所生产和销售的这种防晒化妆品没有经过监管部门的审查，产品在安全上就得不到保证。

需要指出的是，在《化妆品监督管理条例》施行之前，防晒化妆品属于特殊用途化妆品，而现行的《化妆品监督管理条例》中已将原来的特殊用途化妆品名称改为特殊化妆品。所以，在 2021 年之前获得的防晒化妆品批件均为《特殊用途化妆品行政许可批件》，而不是《特殊化妆品注册证》。

2. 产品的《特殊化妆品行政许可批件》已经过期

国家药品监管部门下发的特殊用途化妆品批件是有时效性的，生产企业应在到期前 4 个月内向审批部门提出延期申请，否则该批件一旦过期，生产企业将不再具有生产和销售该产品的资质。

3. 产品名称与批件不符

生产企业擅自更改产品名称，导致其生产销售的防晒品名称与其上报审批的批件中的产品名称不一致。

4. 实际检出成分与标识成分不相符

根据《消费品使用说明化妆品通用标签》(GB 5296.3-2008) 规定，从 2010 年 6 月 17 日起，所有在我国境内生产或进口并销售的化妆品，均须在包装上真实标注所有成分的中文标准名称，生产的化妆品上必须贴上"全成分"标签。作为防晒化妆品，发挥防晒作用的防晒剂的标识尤为重要，但有些生产企业的产品中添加的某些防晒剂在产品标签上并没有标识，而标签上标识的防晒剂在产品中实际却没有添加，用虚假标签蒙骗消费者。

出现上述问题的防晒化妆品中，有些是由正规企业生产的，这些企业具有生产许可的资质，但却没有遵守化妆品行业的法律法规；而有些可能是根本就没有生产许可的小作坊生产出来的假冒产品。这些问题的存在使防晒化妆品的安全性得不到保障，严重侵害了消费者的权益，国家药品监管部门也始终在不断加大对特殊化妆品的监管力度，最大可能地保障消费者的正当权益。随着《化妆品监督管理条例》的落地施行，化妆品行业将迎来更为严格的监管，相信化妆品的市场环境将会越来越好。

作为消费者，虽然不能在购买产品时识别可能存在的上述问题，但应对存在的这些安全隐患有所了解，在购买防晒化妆品时，除了要考虑防晒效果外，还应有安全意识，一定要在正规渠道购买，并保存好购物发票，产品一旦出现问题，可利用发票进行维权。

面膜类产品存在哪些安全风险

面膜是指涂敷于面部皮肤，在皮肤表面形成膜状物或直接将膜状物覆盖于面部皮肤，使皮肤与外界空气隔离，可剥离或洗去的一类化妆品。面膜具有多方面的作用，如保湿、深层清洁、加速血液循环以及促进营养物质吸收等，种类繁多。其中美容面膜贴使用起来非常方便，尤其受到消费者的喜爱。但在追求便捷美容的同时，安全风险也时刻萦绕在我们身边。根据国家药品监管部门对市场上销售的面膜的抽检结果显示，目前面膜中存在的安全风险主要有以下几方面。

1. 违规添加糖皮质激素类物质

糖皮质激素类物质在化妆品中属于禁用物质，长期使用含有此类物质的化妆品可能会导致面部皮肤产生黑斑、萎缩变薄等问题，还可能出现激素依赖性皮炎等严重后果。

2. 人为添加荧光增白剂

荧光增白剂是一种荧光染料，也是一种复杂的有机化合物，其特性就是能产生蓝色荧光，可使肉眼看到的物质很白，具有明显的增白效果。在一些宣称具有美白作用的面膜中有被检测出荧光增白剂存在的情况，而在产品标签的成分表中并没有标出。荧光增白剂虽然目前没有大量的科学依据证明其对人体有严重的伤害，但它属于工业化的产品，在生产过程中可能会有一些杂质残余，一旦吸入皮肤，对人体健康是存在安全隐患的，尤其对光敏性皮肤人群接触高浓度的荧光增白剂后，皮肤会出现过敏、瘙痒，严重者甚至有患皮肤癌的潜在可能。同时，皮肤接触面膜里的荧光增白剂后，用清水、洗手液或洗面奶是很难一次洗净的，因此若经常使用这种面膜，久而久之，就会导致荧光增白剂在皮肤上的累积，形成"荧光脸"。目前国内化妆品行业的相关法规还没有对美白类化妆品中能否添加荧光增白剂做出强制性的规定，但对于消费者来说，在选择面膜时要有安全意识，对于那些一贴就很白的面膜一定要提高警惕。

3. 丙烯酰胺含量超标

丙烯酰胺是一种小分子有机化合物，能够透过皮肤被人体吸收而引起各种不适，具有遗传毒性，对中枢神经系统有危害，对眼睛和皮肤也有强烈的刺激作用，同时可导致遗传物质损伤和基因突变，有致癌的风险。面膜中的丙烯酰胺源自其中的增稠剂——聚丙烯酰胺，它是由丙烯酰胺单体聚合而成的高分子化合物，在面膜中的主要作用是增加面膜液的黏稠度，由于其分子量较高，难以透过皮肤，所以安全性较高。但由于聚丙烯酰胺在制备过程中可能会有一些丙烯酰胺的单体残留在聚合物里，为这种原料的使用埋下了安全隐患，所以聚丙烯酰胺在我国化妆品行业属于限用类物质，《化妆品安全技术规范》（2015 年版）中规定，在驻留类护肤产品中丙烯酰胺单体的最大残留量不得超过 0.1mg/kg，在其他类产品中（如面膜）丙烯酰胺单体最大残留量不得超过 0.5mg/kg。

综上考虑，消费者在选用面膜美容护肤时，切不可追求快速美白、立竿见影的效果，而应多了解化妆品的基础知识，客观看待面膜化妆品的美容效果，对于过度夸大宣传以及使用后见效很快的产品要加以警惕，确保使用安全。

中药作为化妆品原料有安全风险吗

我国中药资源非常丰富，其中许多中药具有防治皮肤病、营养肌肤以及保护肌肤免受外界不良刺激等作用，在人们崇尚自然、追求"绿色"安全的

当今社会，中草药用于化妆品已经越来越被人们所重视，添加中草药作为功能性成分的化妆品正在被全世界的消费者接受并喜爱。

然而，中草药作为化妆品原料一定是 100% 安全的吗？答案当然是否定的。一方面，中药材及其提取物中可能含有的重金属、农药残留等会带来安全风险；另一方面，并非天然的就是安全的，有些消费者常误认为中药是完全没有毒副作用的，这个观念是错误的，中药相对于西药的化学合成品来说较安全一些，但不等于说中药一定没有毒副作用。我国《化妆品安全技术规范》（2015 年版）中规定了 98 种植物药禁止用于化妆品。

虽然有些中药被禁止用于化妆品中，但不等于说未被禁用的中草药在化妆品中的应用就一定是安全的，这些中药的应用仍然可能会对消费者造成安全风险，主要表现为以下几方面。

1. 光毒性

光毒性是指皮肤接触某种化学物质后，又被阳光照射所引发的一种皮肤毒性反应。我们把接触的这种化学物质称为光敏性物质，由此而引起的皮肤毒性反应称为光敏性皮肤病。近年来由于化妆品而导致的光敏性皮肤病逐渐增多，其中引起光敏反应的成分主要是防晒剂、香料香精及防腐剂。但随着中药原料在化妆品中的应用越来越多，其中有些中药可能具有潜在的光敏感特性，使皮肤发生皮炎性反应。

2. 累积性中毒

化妆品中的有些中药原料渗透进入皮肤后，有可能会进一步进入全身血液循环，在体内逐渐累积，可能会产生毒性反应，主要表现为肾毒性和肝毒性，引起肝肾功能受损。

3. 神经毒性

神经毒性是指中药或中药复方制剂中的某些成分对人体神经系统所造成的毒副作用，患者出现瞳孔放大、意识不清、烦躁不安、头晕、惊厥、麻痹以及昏迷等临床表现。化妆品中的某些中药原料若通过皮肤吸收进入血液循环后有可能会导致上述临床表现。

4. 致畸和致癌作用

有些化妆品中的中药原料中所含有的某些成分被机体吸收后会引起致畸或致癌的风险。

5. 生殖毒性

生殖毒性是指有些中药会导致孕妇流产、胎儿死亡，或对孕妇的生殖系统、胚胎在母体内的发育、产妇的分娩过程、胎儿出生后的生长发育产生不良的影响。所以，对于孕妇这个特殊群体来说，在选择化妆品，尤其是中药化妆品时更应小心谨慎。

需要指出的是，化妆品中的中药原料可能引起的上述风险，是在其中的化学成分透过皮肤而进入血液循环的前提下才有可能发生的。而作为化妆品来讲，发挥特定功效的中药成分不应进入全身血液循环，只需到达其发挥作用的皮肤层即可。同时，由于皮肤角质层的天然屏障功能，外界的化学物质也很难渗透进入皮肤，而进一步进入全身血液循环则更是难上加难。因此，若要保证添加的功效性成分能够渗入皮肤，到达其发挥作用的皮肤层，就必须采取措施，提高功效性成分对皮肤的渗透性，否则很难保证化妆品应有的功效，这也是许多功能性化妆品的实际功效与其广告宣传不相符的主要原因。那么，如何促使中药原料能够渗入皮肤到达其发挥作用的皮肤层，同时又不会使其透过皮肤而进入全身血循环就显得至关重要。

总之，中药作为中国的国粹，包含着几千年博大精深的养颜文化，添加中药原料的中药化妆品以其安全、健康、有效的特点深入人心。作为研发者来说，必须要注意其安全性与有效性的统一，在追求有效性的同时，不能忽略中药原料的安全问题，两者中安全性是化妆品的首要特性。对于消费者，也应注意中药化妆品的安全风险，在选择化妆品时，时刻保持一定的安全意识，购买正规厂家的合格产品，才能降低安全风险，以避免由于使用化妆品而造成的安全隐患。

皮肤卸妆不及时会有哪些危害

化妆品的使用不但可以保护、营养肌肤，还可以遮盖皮肤瑕疵，修正容颜，增加魅力。然而，很多消费者对卸妆不及时以及卸妆不彻底的危害却并不了解或不以为然，经常在夜晚入睡前不及时卸妆而带妆入睡，殊不知，这样久而久之，会给肌肤带来很大的危害，具体表现为以下几方面。

1. 皮肤毛孔粗大、衰老加速

化妆品中的粉底、隔离以及防晒等产品中含有较多的粉质类原料，这些原料覆盖在皮肤表面可以遮盖瑕疵、修正肤色、散射或反射紫外线而起到防晒作用，但同时也会堵塞毛孔，影响皮肤呼吸。如果夜晚带妆入睡，则会导致皮肤没有放松休息的时间，皮肤毛孔始终处于不能自由呼吸的状态，最终形成毛孔粗大，并且加速皮肤衰老，令面部皮肤变得松弛晦暗。同时，带妆入睡所导致的皮肤衰老状态，远比平时熬夜或皮肤劳累所导致的松弛和衰老更加严重。

2. 痤疮频繁滋生

带妆入睡，导致皮肤毛孔长期处于严重堵塞的状态，皮肤不能自由呼吸和排毒，随之而来的不仅是毛孔变粗大的问题，还会带来皮肤毛孔发炎，滋生痤疮等严重问题。

3. 睫毛脱落

很多女性在化妆时特别喜欢使用眼影膏（粉）、睫毛膏等产品来强调眼部的色彩，尤其对于经常涂睫毛膏的消费者来说，如果入睡前不能及时把睫毛膏清洗掉，就会导致睫毛膏长时间凝固在睫毛上，时间久了最终会导致睫毛脱落，还有可能会对眼睛造成刺激，引起眼病的发生。

另外，还有口红类产品，如果不及时卸妆，会使唇色加深，容易形成唇纹，甚至口红进入口腔内会影响身体健康。

因此，为了自身的健康，消费者一定要重视及时卸妆的重要性，不但要做到及时卸妆，而且需要合理使用卸妆产品进行彻底卸妆。需要强调的是，这里所指的卸妆问题，不是只针对浓妆的消费者，对于平时淡妆甚至是不化妆的消费者来说，夜晚入睡前彻底清洁皮肤同样是非常重要的。

网购化妆品安全吗

随着现代信息化技术的进步和电子商务技术的不断发展，网络销售以其独有的优势迅猛发展起来，越来越多的人喜爱选择网上购物。与实体店相比，网购商品价格的优势吸引着众多的消费者，尤其是那些收入较低的打工族以及平时忙于工作难有时间去实体店购物的上班族而言，通过网络渠道购买化妆品是个不错的选择。

目前，网络销售的化妆品种类繁多，货品来源纷杂，包装真假难辨，质量良莠不齐，而且网上显示的交易记录以及网店的良好信誉度也是可以通过人为或信息技术实现的，这些因素使消费者在辨识化妆品的真伪和保障消费安全方面增加了很大的难度。网上有不少知名化妆品企业的正牌产品，包装完好，且产品标签上标识的内容正确齐全，也有些是从专卖店流通出来的正牌产品的小样或赠品，消费者若能网购到这样的化妆品，则安全性是可以保障的。但不如意的是，网购化妆品中也有一些是来自没有生产资质的小作坊或不良生产厂家的，属于假冒伪劣产品，消费者如果没有加以识别而购买并使用这样的产品，则会给自身健康和安全增加较大的风险。据报道，网络销售渠道已成为假冒伪劣化妆品的重要销售渠道。

网购化妆品的风险主要源自两方面：一方面是我国有关电子商务类的法律法规尚不十分健全，导致相关部门对于网店的监管力度不够，让一些不法商家钻了空子；另一方面是网购纠纷举证的成本和难度给消费者维权增加了很多不便，使得大多数消费者放弃维权，自认倒霉。

为保障公众化妆品消费安全，促进化妆品网络销售市场健康发展，2019年4月，在国家药品监督管理局的指导下，中国香料香精化妆品工业协会向8家主流化妆品电子商务平台发出了《关于构建规范有序的化妆品网络销售市场倡议书》，得到了各大电子商务平台的积极响应，并签署承诺书，自觉抵制利用网络生产销售违反化妆品的行为。《化妆品监督管理条例》中第四十一条，对化妆品电子商务平台经营者的管理责任进行了确定，从立法的角度为消费者网购化妆品的安全性提供了进一步的保障。作为消费者而言，网购化妆品时应尽可能慎重，提高化妆品安全消费意识，注重学习积累化妆品安全知识，增强产品辨识能力和维权意识，并尽可能选择在正规的电子商务平台或化妆品知名企业的官方网站上购买化妆品，这样才有可能保障我们网购到的产品是安全的。

"无添加"化妆品一定安全吗

随着现代化妆品工业的发达，因化妆品而产生的皮肤不良反应日益引起人们的重视，其中香精和防腐剂是最常见的两大"罪魁祸首"，也由此催生出了"无添加"化妆品的概念。然而"无添加"这一概念究竟是生产厂商的一面之词，还是值得消费者信任的选择标准呢？

事实上，"无添加"在世界范围内并没有特定的限制范围，也没有可遵循的行业标准或国家法规来衡量。如果非要说"无添加"指的是什么？比较合理的解释应该是化妆品在生产过程中不添加对肌肤可能造成安全隐患的成分。

自从"无添加"概念被引入国内后，由于大量的市场宣传，"无添加"产品会给人一种"温和、安全"的心理暗示，但不能说"无添加就等于100%安全"。对于消费者而言，每个人的体质、过敏原以及敏感程度均不相同，尤其对于敏感性皮肤者来说，不仅仅是防腐剂、香精香料，化妆品中的任何一种成分都有可能造成皮肤敏感的困扰。当然，与传统护肤品中含有较多化学合成成分相比，"无添加"产品在原料的选择以及使用浓度的把控上可能会更加严格一些，最大限度地确保产品的安全性。但很多情况下，"无添加"更多地属于品牌的一种商业宣导，是消费者的一种美好愿望。

（谷建梅）

化妆品安全风险管控篇

　　安全性是化妆品的首要特性，保障化妆品的安全性至关重要。为了规范化妆品生产经营活动，加强化妆品监督管理，保证化妆品质量安全，保障消费者健康，国家制定了关于化妆品生产经营的法律法规，以指导和约束化妆品企业的生产和销售行为，促进化妆品产业健康发展。现行最主要的两个法规文件是《化妆品监督管理条例》和《化妆品安全技术规范》（2015 年版）。这些法规文件从化妆品的原料、产品、生产经营、监督管理、法律责任以及产品的一般卫生要求、禁用原料、限用原料、检验评价方法等方面，对在我国生产和销售的化妆品做了详细的规定。国家监管部门依据上述法规文件对在我国生产和销售的化妆品进行监督管理，为公众消费化妆品的安全性保驾护航。

什么是化妆品新原料

1. 化妆品原料与化妆品新原料的释义

化妆品原料是构成化妆品的物质，是指化妆品配方中使用的各种成分。化妆品原料的安全性直接影响了化妆品产品的安全性。现行《化妆品监督管理条例》（以下简称《条例》）中将化妆品原料分为新原料和已使用原料两类。其中化妆品新原料是指在国内首次使用于化妆品生产的天然或人工原料。

2. 化妆品新原料的注册与备案

我国 2015 版《已使用化妆品原料名称目录》中共有 8783 种化妆品原料。对于化妆品新原料的使用管理，为确保其使用的安全性，《条例》规定，化妆品新原料在使用前必须要在国务院药品监督管理部门进行注册或备案。其中对于风险程度较高的化妆品新原料，主要指具有防腐、防晒、着色、染发以及祛斑美白功能的新原料，必须经国务院药品监督管理部门审批，准予注册后方可使用，即实施行政许可管理；对其他风险较低的化妆品新原料施行告知性备案管理，即在使用前向国务院药品监督管理部门备案即可。

3. 化妆品新原料的安全性评估

《条例》第二十一条规定，化妆品新原料和化妆品在注册或备案前，注册申请人或备案人应当自行或者委托专业机构开展安全性评估。化妆品新原料的安全性评估资料应包括毒理学安全性评价资料和风险评估资料。毒理学安全性评价资料应包括毒理学安全性评价综述和必要的毒理学试验资料，其中毒理学试验资料一般包括急性经口或急性经皮毒性试验、皮肤和急性眼刺激性 / 腐蚀性试验、皮肤变态反应试验、皮肤光毒性和光变态反应试验、致突变试验等。风险评估资料应包括原料安全使用限量的确定和对可能存在的安全性风险物质的评估。

4. 化妆品新原料使用安全性的跟踪与处理

经注册、备案的化妆品新原料投入使用后的 3 年内，新原料注册人、备案人应当每年向国务院药品监督管理部门报告新原料的使用和安全情况。对存在安全问题的化妆品新原料，由国务院药品监督管理部门撤销注册或者取消备案。3 年期满未发生安全问题的化妆品新原料，纳入国务院药品监督管理部门制定的已使用的化妆品原料目录。

经注册、备案的化妆品新原料纳入已使用的化妆品原料目录前，仍然按照化妆品新原料进行管理。

由此可见，国家对于化妆品原料的管控是非常严格的，能够用在化妆品产品中的原料均经过安全性评估环节的管控，从源头上保障化妆品产品的质量安全，降低化妆品的安全风险。

什么是化妆品的禁用组分及限用组分

一般而言，化妆品产品的质量，很大程度上取决于其原料的质量，如果用于调配化妆品的原料质量不过关，那么生产出的产品质量是不可能合格的。只有选用符合规定、安全性高的原料，才能生产出质量合格、安全的化妆品。因此，我国参考了《欧盟化妆品规范》中的相关内容，并结合中国自身的特点，对化妆品原料进行了限制和规定。其中对于禁用组分和限用组分在《化妆品安全技术规范》（2015 版）中做了具体规定。

1. 禁用组分

禁用组分是指不得作为化妆品原料使用的物质。《技术规范》中共列出1388 项禁用组分，主要包括两大类：一类是毒性和危害性大的化学物质及生物制剂等，另一类是毒性和危害性大的中草药。在这些禁用物质中，有的属于致畸、致突变、致癌及对发育有毒性的物质；有的属于剧毒、高毒及高危险性物质；有的是可能对人类具有高风险性的动植物提取物及生物制剂；有的则是具有安全隐患的强光毒或光敏物质以及腐蚀性物质。总之，这类物质的使用，可能会对消费者的健康带来危害，所以禁止将其用于化妆品中。

需要注意的是，禁用组分不代表化妆品产品中一定不含这种物质，有些情况下，合格产品中可能也会含有某些禁用组分，但这些禁用组分不是人为添加的，而是某些化妆品原料中带有的杂质，如汞、砷、铅等重金属，多是作为化妆品原料的杂质而随原料被带入产品中，只要其在化妆品中的含量满足《技术规范》规定的要求，就可以保障产品的安全性。那些禁用物质含量严重超标的产品，往往是生产厂家人为违规添加导致的，这样的产品是不具有安全保障的。

2. 限用组分

限用组分是指在限定条件下可作为化妆品原料使用的物质，主要限制其使用范围或最大允许使用浓度。《技术规范》中共列出限用组分 47 项，对所有限用组分的使用范围、最大允许使用浓度、限制使用条件以及标签标识内容方面均做出了具体规定。

什么是化妆品的准用组分

《化妆品安全技术规范》（2015 版）中将防腐剂、防晒剂、着色剂及染发剂四类物质作为化妆品中的准用组分。这四类物质用于化妆品时，只能选用《技术规范》中准许使用的物质。

1. 化妆品准用防腐剂

化妆品准用防腐剂是指以抑制微生物在化妆品中生长和繁殖为目的而在化妆品中添加的物质。《技术规范》中列出了 51 项允许使用的防腐剂，对每类防腐剂的使用范围和最大使用浓度都做出了具体规定，并且对通过缓慢释放甲醛来防腐的防腐剂也做了明确规定，当成品中甲醛浓度超过 0.05%（以游离甲醛计算）时，必须在产品标签上标印"含甲醛"，且禁用于喷雾产品。

2. 化妆品准用防晒剂

化妆品准用防晒剂是指利用对光的吸收、反射或散射作用，以保护皮肤免受特定紫外线所带来的伤害或保护产品本身而在化妆品中添加的物质。《技术规范》中列出了 27 项允许使用的防晒剂，对每类防晒剂的最大使用浓度都做出了具体规定。

3. 化妆品准用着色剂

化妆品准用着色剂是指为使化妆品或其施用部位呈现颜色而在化妆品中添加的物质。《技术规范》中列出了 157 项允许在化妆品中使用的着色剂，并规定了这些着色剂在化妆品中的使用范围以及其他限制和要求。

4. 化妆品准用染发剂

《技术规范》中列出了 75 项允许在化妆品中使用的染发剂，对每种染发剂在化妆品中的最大允许使用浓度及其他限制和要求做出了具体规定，并对相关染发剂产品的标签标识也做出了规定，如警示语等。

我国化妆品应做哪些微生物学检测项目

化妆品的微生物学检测是评价化妆品安全性的主要手段之一。《化妆品安全技术规范》（2015 版）规定，化妆品产品在出厂前必须进行以下几项微生物含量的检测：①菌落总数；②霉菌和酵母菌总数；③耐热大肠菌群；④金黄色葡萄球菌；⑤铜绿假单胞菌。该《技术规范》对每个检测项目的适用范围、设备要求、具体的检测操作步骤以及检验结果报告的格式和方法都做了十分详细的规定，各生产厂家必须遵循《技术规范》中的检验要求对产品进行各项微生物学项目的检测。

我国化妆品应做哪些卫生化学检验项目

化妆品安全性评价中的卫生化学检验是针对化妆品产品中的禁、限用物质的检测。《化妆品安全技术规范》（2015 版）规定了汞、砷、铅、甲醇、二噁烷、石棉、二甘醇、水杨酸、过氧化氢等多种禁、限用物质以及一些准用防晒剂、准用防腐剂、准用着色剂、准用染发剂的检测方法。其中汞、砷、铅、甲醇、二噁烷、石棉这几种物质是所有化妆品产品必须检测的项目，且检测结果必须符合《技术规范》规定，属于化妆品安全性的通用要求。其他检测项目仅需要在相关种类的化妆品产品中进行检测。

化妆品人体安全性评价包括哪些内容

化妆品的人体安全性评价是产品上市前保障其安全的最后一道防线，包括人体皮肤斑贴试验和人体试用试验安全性评价两方面。

1. 人体皮肤斑贴试验

人体皮肤斑贴试验的目的是检测受试产品引起人体皮肤不良反应的潜在可能性。试验时，选择 18~60 岁符合试验要求的志愿者作为受试对象，使用《技术规范》中规定使用的斑试材料，根据化妆品的不同类型，选择化妆品产品原物或稀释物进行斑贴试验。该试验包括皮肤封闭型斑贴试验和皮肤重复性开放型涂抹试验。一般情况下均采用皮肤封闭型皮肤斑贴试验，祛斑类化妆品和粉状（如粉饼、粉底等）防晒类化妆品进行人体皮肤斑贴试验出现刺激性结果或结果难以判断时，应当增加皮肤重复性开放型涂抹试验。

2. 人体试用试验安全性评价

人体试用试验的目的是通过一段时间的试用产品来检测受试产品引起人体皮肤不良反应的潜在可能性。选择 18~60 岁符合试验要求的志愿者作为受试对象。适用于育发类、驻留类产品 pH 值 ≤ 3.5 或企业标准中设定 pH 值 ≤ 3.5 的产品及其他需要类似检验的产品。

化妆品产品在安全性上应满足哪些通用要求

《化妆品安全技术规范》（2015 年版）规定，化妆品产品应满足下列通用要求。

1. 一般要求

（1）化妆品应经安全风险性评估，确保在正常、合理及可预见的使用条件下，不得对人体健康产生危害。

（2）化妆品生产应符合化妆品生产规范要求，化妆品生产过程应科学合理，保证产品安全。

（3）化妆品上市前应进行必要的检验，检验方法包括相关理化检验方法、微生物检验方法、毒理学试验方法和人体安全试验方法等。

（4）化妆品应符合产品质量安全有关要求，经检验合格后方可出厂。

2. 配方要求

（1）化妆品配方中不得使用《技术规范》中规定的禁用物质，若技术上无法避免禁用物质作为杂质带入化妆品中时，《技术规范》中有限量规定的应符合规定，未做限量规定的，应进行安全风险性评估，确保在正常、合理和可预见性的使用条件下不得对人体健康产生危害。

（2）化妆品配方中的原料若属于《技术规范》中的限用物质时，使用要求应符合《技术规范》规定。

（3）化妆品配方中所用的防腐剂、防晒剂、着色剂、染发剂必须是《技术规范》中准用的物质，使用要求应符合《技术规范》规定。

3. 微生物学指标要求

化妆品产品中微生物学指标应满足表3中的要求。

表3　化妆品中微生物指标限值

微生物指标	限值
菌落总数（CFU/g 或 CFU/ml）	≤ 500（眼部、口唇及儿童用化妆品）；≤ 1000（其他化妆品）
霉菌和酵母菌总数（CFU/g 或 CFU/ml）	≤ 100
耐热大肠菌群 /g（或 ml）	不得检出
金黄色葡萄球菌 /g（或 ml）	不得检出
铜绿假单胞菌 /g（或 ml）	不得检出

注：CFU 为菌落单位；其他化妆品指除眼部、口唇及儿童化妆品以外的化妆品。

4. 有害物质限值要求

化妆品产品中有害物质含量不得超过表4中规定的限值。

表4　化妆品中有害物质限值

有害物质	限值（mg/kg）
汞	1（含有机汞防腐剂的眼部化妆品除外）
铅	10
砷	2
镉	5
甲醇	2000
二噁烷	30
石棉	不得检出

化妆品质量检验中的
感官指标和理化指标主要包括哪些内容

不同种类的化妆品，由于其外观性状以及使用功能的不同，感官指标和理化指标也略有差异。

1. 感官指标

感观指标主要包括色泽、香气、清晰度、外观等内容。色泽、外观的检测，可取试样在室温和非阳光直射的状态下目测观察；香气的检测，可对试样进行嗅觉鉴别；清晰度的检测，可将瓶装化妆品在室温和非阳光直射状态下，距离 30cm 处进行观察。

2. 理化指标

通常情况下，大多数化妆品均需进行耐热试验、耐寒试验及 pH 值的检测。耐热试验是将产品试样放置在（40±1）℃的条件下保持 24 小时，恢复室温后观察产品试样外观有无改变。耐寒试验是将产品试样放置在（−10~−5）℃的条件下保持 24 小时，恢复到室温后观察产品试样外观有无改变。化妆水的耐寒检测温度是（5±1）℃。对于 pH 值检测，一般膏霜奶液及化妆水的 pH 值要求在 4.0~8.5，果酸类产品除外。

此外，不同类别化妆品根据其功能的不同，还需检测其他一些理化指标。如化妆水还需检测相对密度指标，乳液类产品还需做离心考验以检测其稳定性，洗发液（膏）还应检测泡沫、有效物及活性物含量指标，染发剂还需检测氧化剂含量及染色能力指标等。当然，还有一些化妆品并不需要进行上述耐热、耐寒试验以及 pH 值检测，而需检测其他理化指标，如指甲油需要检测干燥时间及牢固度指标。

什么是化妆品注册人、备案人

《化妆品监督管理条例》规定，化妆品注册人、备案人为化妆品质量安全和功效宣称负责。

化妆品注册申请人、备案人应当具备下列条件：①是依法设立的企业或者其他组织；②有与申请注册、进行备案的产品相适应的质量管理体系；③有化妆品不良反应监测与评价能力。

由此可知，化妆品注册申请人、备案人并非公众通常认为的"企业法人"，而是"依法设立的企业或者其他组织"。

申请特殊化妆品注册或
进行普通化妆品备案应提交哪些资料

为保障化妆品质量的安全性，《化妆品监督管理条例》规定，申请特殊化妆品注册或者进行普通化妆品备案，应当提交下列资料，所提交资料的真实性、科学性由注册申请人、备案人负责。

（1）注册申请人、备案人的名称、地址、联系方式。

（2）生产企业的名称、地址、联系方式。

（3）产品名称。

（4）产品配方或者产品全成分。

（5）产品执行的标准。

（6）产品标签样稿。

（7）产品检验报告。

（8）产品安全评估资料。

由上可知，市场上销售的合法化妆品均是经过注册或备案的，在注册或备案前均对产品的安全性进行了评估。作为消费者，只要购买到的化妆品符合国家法律法规要求，产品的安全性是可以得到保障的。

化妆品标签上必须标注哪些内容

《化妆品监督管理条例》规定，化妆品的最小销售单元应当有标签。进口化妆品可以直接使用中文标签，也可以加贴中文标签；加贴中文标签的，中文标签内容应当与原标签内容一致。化妆品标签应当标注下列内容。

（1）产品名称。

（2）产品注册人、备案人、受托生产企业的名称及地址。

（3）生产企业的化妆品生产许可证编号。

（4）产品执行的标准编号：包括国家推荐性标准（GB/T）、轻工行业推荐性标准（QB/T）和企业标准（Q/）等。

（5）全成分名称。

（6）内装物量：标签中应标明容器中产品的净含量或净容量。

（7）使用期限、使用方法以及必要的安全警示：其中对于使用期限的标注有两种形式，一种是"生产日期和保质期"，另一种是"生产批号和限期使用日期"。

（8）对于特殊化妆品：必须标注《特殊化妆品注册证》编号。

（9）对于进口化妆品：进口特殊化妆品应有《特殊进口化妆品注册证》编号，进口普通化妆品应有进口化妆品备案文号。

（10）法律、行政法规和强制性国家标准规定应当标注的其他内容。

在化妆品宣传中禁止出现哪些词语或内容

对化妆品的宣传，既包括产品标签上的宣传用语，也包括化妆品营销人员以及化妆品广告的宣传用语。为了防止化妆品企业及化妆品营销人员用虚假夸大语言欺骗消费者，国家对化妆品宣传用语进行了规范和限制，并出台了《化妆品名称标签标识禁用语》及《化妆品广告管理办法》，要求宣传内容必须真实、健康、科学、准确，不得以任何形式欺骗和误导消费者。在宣传内容中，禁止出现以下几种情况。

（1）禁止使用绝对用语，如"全面、特级、顶级、极致、全方位、第一、最新创造、最新发明、纯天然制品、无副作用"等。

（2）禁止使用虚假夸大用语，如"超凡、超强、高效、神效、换肤、去除皱纹"等。

（3）禁止明示或暗示对疾病有治疗效果的语言，如"除菌、除螨、消炎、抗菌、抑菌、防菌、抗炎、活血、解毒、抗敏、防敏、脱敏、减肥、溶脂、吸脂、瘦脸"等。

（4）禁止使用庸俗和误导消费者的语言及已经批准的药品名、外文字母、汉语拼音、数字和符号等。

（5）禁止利用权威机构为其做宣传，如以"经卫生部（门）批注""卫生部（门）特批"或"国家药品监督部门特批"等名义为产品做宣传。禁止以化妆品检验机构和检验报告等名义为产品做宣传。

（6）禁止以医学名人（如扁鹊、华佗、张仲景、李时珍等）和使用者的名义为产品做宣传。

作为消费者，了解化妆品宣传中的禁用词语或内容，对于识别化妆品的虚假宣传，可避免被虚假化妆品宣传误导和蒙骗，提高化妆品选用的安全性具有非常重要的意义。

化妆品企业对产品功效的宣称是否可靠，
国家对此如何监管

很多消费者在选用化妆品的过程中往往都有这样的经历，在购买化妆品时，对于所宣称的产品功效抱有极大的希望，然而，使用后却极度失望。之前，在国家发布的化妆品相关法律法规文件中并没有涉及对于产品功效宣称内容的规定，只是对于化妆品标签标识及化妆品广告中的禁用语做出了相应规定。

为了保障消费者的权益，《化妆品监督管理条例》中第二十二条规定，化妆品的功效宣称应当有充分的科学依据。化妆品注册人、备案人应当在国务院药品监督管理部门规定的专门网站公布功效宣称所依据的文献资料、研究数据或者产品功效评价资料的摘要，接受社会监督。同时，其第六十二条中对于"未依照本条例规定公布化妆品功效宣称依据的摘要"的违法企业及其法定代表人或者主要负责人、直接负责的主管人员和其他直接责任人员的处罚措施，也均做出了相应规定。

国家药品监管部门对化妆品
行业的生产和经营活动如何进行监管

《化妆品监督管理条例》中第四十六条及四十八条规定，省级以上人民政府药品监督管理部门应当组织对化妆品进行抽样检验；对举报反映或者日常监督检查中发现问题较多的化妆品，负责药品监督管理的部门可以进行专项抽样检验。负责药品监督管理的部门对化妆品生产经营进行监督检查时，有权采取下列措施。

（1）进入生产经营场所实施现场检查。

（2）对生产经营的化妆品进行抽样检验。

（3）查阅、复制有关合同、票据、账簿以及其他有关资料。

（4）查封、扣押不符合强制性国家标准、技术规范或者有证据证明可能危害人体健康的化妆品及其原料、直接接触化妆品的包装材料，以及有证据证明用于违法生产经营的工具、设备。

（5）查封违法从事生产经营活动的场所。

《化妆品监督管理条例》中第五十六条及第五十八条还指出，负责药品监督管理的部门应当依法及时公布化妆品行政许可、备案、日常监督检查结果、违法行为查处等监督管理信息。负责药品监督管理的部门应当公布本部门的网站地址、电子邮件地址或者电话，接受咨询、投诉、举报，并及时答复或者处理。对查证属实的举报，按照国家有关规定给予举报人奖励。

作为消费者，在购买化妆品时应留存购买凭证，可通过国家药品监督管理局官方网站或化妆品监管 APP 查询所购买产品的注册（特殊化妆品）或备案（非特殊化妆品，即普通化妆品）信息，并可查看药品监督管理部门及时发布的抽检不合格化妆品的抽检结果公告。若对所购买的化妆品存有异议，均可通过国家药品监督管理部门提供的网站地址、电子邮件地址或者电话进行咨询、投诉或举报。

国家药品监管部门如何对化妆品
引起的不良反应及安全风险进行监控

《化妆品监督管理条例》第五十二条和第五十三条规定，国家建立化妆品不良反应监测制度及化妆品安全风险监测和评价制度。

1.建立化妆品不良反应监测制度

化妆品不良反应监测机构负责化妆品不良反应信息的收集、分析和评价，并向负责药品监督管理部门提出处理建议。化妆品注册人、备案人应当监测其上市销售化妆品的不良反应，及时开展评价，按照国务院药品监督管理部门的规定向化妆品不良反应监测机构报告。受托生产企业、化妆品经营者和医疗机构发现可能与使用化妆品有关的不良反应的，应当报告化妆品不良反应监测机构。鼓励其他单位和个人向化妆品不良反应监测机构或者负责药品监督管理的部门报告可能与使用化妆品有关的不良反应。

2. 建立化妆品安全风险监测和评价制度

国家建立化妆品安全风险监测和评价制度，对影响化妆品质量安全的风险因素进行监测和评价，为制定化妆品质量安全风险控制措施和标准、开展化妆品抽样检验提供科学依据。

国家化妆品安全风险监测计划由国务院药品监督管理部门制定、发布并组织实施。国务院药品监督管理部门建立化妆品质量安全风险信息交流机制，组织化妆品生产经营者、检验机构、行业协会、消费者协会以及新闻媒体等就化妆品质量安全风险信息进行交流沟通。

我国对网售化妆品的质量安全如何管控

在网络经济蓬勃兴起的时代，受益于电商平台的发展与推广，化妆品产业和市场越做越大。然而，网售化妆品在丰富市场供给、方便消费者消费需求的同时，其安全风险也随之提高。目前，网售化妆品主要存在三方面问题，即：广告涉嫌违规宣传、产品质量难以保证、电商平台难守准入关。

若要有效解决网售化妆品存在的上述三个主要问题，就应对化妆品电子商务平台经营者及平台内化妆品经营者进行立法监管。《化妆品监督管理条例》中明确规定，电子商务平台经营者应当对平台内化妆品经营者进行实名登记，承担平台内化妆品经营者管理责任，发现平台内化妆品经营者有违反本条例规定行为的，应当及时制止并报告电子商务平台经营者所在地省、自治区、直辖市人民政府药品监督管理部门；发现严重违法行为的，应当立即停止向违法的化妆品经营者提供电子商务平台服务。电子商务平台经营者未依照本条例规定履行实名登记、制止、报告、停止提供电子商务平台服务等管理义务的，由省、自治区、直辖市人民政府药品监督管理部门依照《中华人民共和国电子商务法》的规定给予处罚。平台内化妆品经营者应当全面、真实、准确、及时披露所经营化妆品的信息，建立并执行进货查验制度，履行好化妆品经营者相关义务。

由此可见，《化妆品监督管理条例》中对于化妆品电子商务平台经营者及平台内化妆品经营者应当履行的义务均做出了明确的规定，对于不履行相关义务等违法违规行为，国家药品监督管理部门将依法给予处罚。

（黄昕红）

化妆品安全选用篇

　　安全性是化妆品的首要特性，选用化妆品不当会给消费者的健康带来诸多不安全因素。因此，在选用化妆品时，应本着"安全第一"的原则，运用所了解的化妆品知识对欲购化妆品进行甄别，并要掌握科学的使用方法。下面就简要介绍一些有关化妆品选择和使用方面的一些常见问题及建议。

如何根据化妆品标签判断化妆品的合法性

化妆品标签是指粘贴或印在化妆品销售包装上的文字、数字、符号、图案和置于盒内的说明书，起着向消费者传达产品信息的作用，是制造商对产品质量的承诺。化妆品标签内容的完整和准确是保障消费者知情选择和安全使用的必备条件，具有重要的法律地位。然而，有些不法制造商往往为了追求利益，在标签内容上用虚假、夸大宣传的方式误导消费者。因此，消费者应多了解一些化妆品的标签标识知识，在选购化妆品时对于识别欲购产品的合法性具有非常重要的指导性。

化妆品标签通常有直接印刷或粘贴在产品容器上的标签、小包装上的标签、小包装内放置的说明性材料等形式。查看化妆品标签，应注意以下几点。

1. 标签标识内容是否全面

查看化妆品标签标识时，首先应查看其内容是否全面，字迹是否清晰，同时应关注标签标识中有无夸大性、绝对性等禁用宣传用语。若标识内容缺项，或标识字迹模糊，或标识中出现化妆品宣传禁用词语，消费者应加以警惕，谨防产品的违法性。化妆品标签应标识的内容及宣传禁用语知识在本书"化妆品安全风险管控"篇中已经介绍过，这里不再叙述。

2. 重点关注《化妆品生产许可证》编号及产品质量执行标准号

《化妆品生产许可证》是化妆品生产企业生产化妆品的资质证明，也就是说，拥有《化妆品生产许可证》的企业才是合法的化妆品生产企业。如果化妆品标签标识中没有标识《化妆品生产许可证》编号，那么生产该产品的企业属于非法化妆品生产企业。《化妆品生产许可证》编号的格式为：省、自治区、直辖市简称 + 妆 + 年份（4 位阿拉伯数字）+ 流水号（4 位阿拉伯数字），如"浙妆 20170025"。

每种产品在生产时都需遵循相关的质量标准，化妆品属于轻工业行业产品，其产品质量执行标准号有以下几种：GB/T×××（如"GB/T2280.2-2005"），QB/T×××（如"QB/T1645-2004"），DB××/T×××（如"DB44 /T453-2010"），Q/×××（如"Q/YQEG43"）。其中"GB/T"表示国家推荐标准，"QB/T"表示轻工行业推荐标准，"DB××/T"表示地方推荐标准，"Q/×××"表示企业内部标准。通常情况下，企业标准都高于行业标准和国家标准。

3. 特殊化妆品及进口化妆品应关注的重点

由于特殊化妆品的安全风险高于普通化妆品，所以这类化妆品需要经过国务院药品监督管理部门审查批准，颁发《特殊化妆品注册证》（或《特殊用途化妆品批件》）后才可进行生产和销售。因此，在购买祛斑美白、防晒、染发、烫发、防脱发以及宣称新功效的特殊化妆品时，必须重点关注标签标识中有无《特殊化妆品注册证》编号或"特殊用途化妆品批准文号"，如"国妆特字 G20140789"。

对于进口化妆品，分两种情况：一是对于进口特殊化妆品，标签标识中必须标注"进口特殊化妆品注册证编号或批准文号"，如"国妆特进字 J20080002"；二是对于进口普通化妆品，标签标识中必须标注"进口化妆品备案文号"，如"国妆备进字 J200994505"。

总之，消费者在购买化妆品时，化妆品标签标识的内容是判断化妆品是否合法的第一步，也是消费者可参照的唯一客观标准。

如何通过网络渠道查询化妆品的合法性

通过网络渠道可方便、快捷地查询化妆品的合法性，目前主要有两个查询渠道，一是国家药品监督管理局官方网站，二是化妆品监管 APP。

1. 通过国家药品监督管理局官方网站查询

首先确认所查询的化妆品属于"特殊化妆品"还是"普通化妆品"，然后可通过下面路径查询：①打开国家药品监督管理局官网；②点击国家药品监督管理局官网首页上的"化妆品"板块；③在"化妆品查询"板块点击"国产化妆品"或"进口化妆品"；④出现"快速查询"和"高级查询"两个查询渠道，选择其中任一渠道，输入产品名称，点击查询；⑤对照查询产品的信息与所购买产品标签标识的内容是否一致，对于特殊化妆品，应重点核实所查产品有无取得行政许可批件（"特殊化妆品注册证号"或"特殊用途化妆品批准文号"），批件状态是否当前有效，以及产品技术要求的详细内容。

2. 通过化妆品监管 APP 查询

首先在手机端下载化妆品监管 APP，点击进入后，在"搜产品"板块进行查询，点击"国产特殊用途化妆品""进口化妆品""国产非特殊用途化妆品备案信息""进口非特殊用途化妆品备案信息"后，可分别查询国产特殊化妆品、进口特殊化妆品、国产普通化妆品、进口普通化妆品的产品信息。

无论是通过国家药品监督管理局官方网站查询，还是通过化妆品监管 APP 查询，都应将查询的产品信息与所购买产品标签标识的内容进行核对，对于特殊化妆品，应重点核实所查产品是否取得行政许可批件（"特殊化妆品注册证号"或"特殊用途化妆品批准文号"），批件状态是否在有效期内，以及产品技术要求的详细内容。

如果在查询渠道输入产品名称后，没有查询到该产品信息，或者查询到的信息与该产品标签标识的内容不完全一致，或者特殊化妆品的批件已经过期，那么该产品的合法性就要被质疑了。

怎样通过感官选择化妆品

选购化妆品时，可通过看、闻、试三种方式大致判断化妆品质量的优劣。

1. 看

选购化妆品时，首先要观察化妆品的颜色和光泽度。应在光线充足的地方观察，看其色泽是否鲜明、自然。

2.闻

品质优良的化妆品应香气优雅，闻起来给人以愉悦感；若香气过重、刺鼻或有怪味，则均不符合优质化妆品的要求。

3.试

通过试用的方式可判断化妆品质地是否细腻。任何一种膏霜乳液类化妆品均是质地越细质量越好的。其鉴别方法是将少许化妆品在手腕关节活动处均匀涂一薄层，然后手腕上下活动几下，停留几秒钟后观察，若化妆品能够均匀而紧密地附着在皮肤上，而且手腕皮纹处没有条纹痕迹出现，说明此化妆品质地细腻。

不同剂型的化妆品应如何挑选

由于化妆品的剂型种类较多，且同一剂型的化妆品又具有不同的功能，所以消费者在挑选下列几类常用剂型的化妆品时，可参照这几类化妆品应满足的感官要求进行挑选。

（1）膏霜乳液类产品：膏体应细腻、光亮、色泽均匀、香味纯正、无气泡、无斑点、无干缩和破乳现象。

（2）化妆水：对于透明型化妆水，应清澈透明、无悬浮物、无混浊、无沉淀现象。

（3）凝胶（啫喱）类产品：应晶莹、剔透、无杂色。

（4）泡沫洁面乳：膏体应细腻，挤出少量加水揉搓后即能产生乳脂般细密的泡沫，洁面后皮肤应感觉清爽、洁净，无紧绷感。

清洁、护肤、彩妆、指甲类化妆品该如何挑选

化妆品除应满足气味及色泽要求外，优质化妆品还应满足其功能、使用感等方面的感官要求。

1. 清洁类化妆品

无论是洁肤还是洗发产品，均应能够迅速除去皮肤及毛发表面、毛孔中的各种污垢，使用后无油腻感或紧绷感，最好还能在皮肤及毛发表面留存一层很薄的保护膜。

2. 护肤类化妆品

对于护肤类膏霜乳液产品，应黏度适宜，膏体易于挑出，乳液易于倒出；易在皮肤上铺展和分散，且肤感润滑，使用后能保持一段时间湿润，无黏腻感。

3. 彩妆化妆品

不同的彩妆化妆品，感官要求也不同。

（1）香粉及粉底类面部彩妆品：应易于涂抹，能形成平滑的覆盖层，且容易在面部均匀分布，不会聚集在皱纹和毛孔内；使用后感觉爽滑，无异物感。

（2）眼影及睫毛膏等眼部彩妆品：使用时应附着均匀，不会结块和粘连；涂抹后干燥速度适当，干后不感到脆硬，不易被泪水冲散，有一定的耐久性，且卸妆较容易。

（3）唇膏类彩妆品：应色泽鲜艳均匀，表面光滑，膏体无气孔和颗粒；涂抹时平滑流畅，有较好的附着力，能保持较长时间，但又不至于很难卸妆。

4. 指甲类化妆品

指甲类化妆品的外观应色泽鲜艳均匀，且不会因光照而变色或失去光泽；

涂抹时能形成湿润、易流平的液膜，液膜质地滑而不黏，有较好的黏着性，干燥速度较快，通常为3~5分钟；干燥后能形成均匀、清透且无气孔的膜；形成的涂膜应有一定的硬度和韧度；不会使指甲变色，卸妆时容易除去。

怎样判断化妆品是否变质

化妆品成分复杂，若保存不当或存放过久，易滋生微生物造成化妆品的污染与变质，而变质化妆品极易刺激皮肤或导致皮肤过敏，对人体健康具有极大的安全隐患。那么，怎样判断化妆品是否已经变质了呢？我们可从以下几方面加以判断。

1. 闻气味
化妆品的香味无论是淡雅还是浓烈，都应十分纯正。变质的化妆品散发出的怪异气味掩盖了化妆品原有的芳香味，或是酸辣气，或是甜腻气，或是氨味，非常难闻。一些营养类化妆品容易出现变味现象，如人参霜、珍珠霜等。

2. 看颜色
合格化妆品的色泽自然，膏体纯净，彩妆化妆品应色泽艳丽悦目。变质化妆品的颜色灰暗污浊，深浅不一，往往有异色斑点，或变黄、发黑，有时甚至出现絮状细丝或绒毛状蛛网，说明其已被微生物污染。一些有特殊功效的化妆品易出现变色问题，如粉刺霜、抗皱霜等。

3. 观膏霜质地
变质的膏霜通常会有以下两种现象：①膏霜质地变稀：肉眼可看到有水分从膏霜中溢出。这是由于许多化妆品中一般都含有淀粉、蛋白质及脂肪类物质，过度繁殖的微生物会分解这些蛋白质及脂肪，破坏化妆品原有的乳化状态，从而使原来包含在乳化结构中的水分析出。此外，长时间过度受冷或者受热，也会导致化妆品出现油水分离现象。②膏霜膏体出现膨胀现象：这是由于微生物分解了产品中的某些成分而产生气体所导致的，严重时，产生的这种气体甚至会冲开化妆品瓶盖而使化妆品外溢出来。

4. 凭触感

合格的化妆品涂抹在皮肤上会感觉润滑舒适、不黏不腻。变质化妆品涂抹在皮肤上会感觉发黏、粗糙，给人以涂污物的感觉，有时还会感觉皮肤干涩、灼热或疼痛，常伴有瘙痒感。

在中国销售的外资品牌化妆品都是进口的吗

随着国民经济收入和生活水平的提高，我国人均化妆品的消费额在迅速增长，中国已成为全球最大的化妆品消费国。外资化妆品企业正是看中了中国的巨大市场，纷纷在华投资建厂，生产和销售化妆品，而且国内的中高端化妆品市场也基本被一些外资大品牌垄断，能够跻身中高端市场的本土企业寥寥无几，因此，追求高品质产品的消费者往往把目光投向了外资品牌。

外资品牌在我国销售的化妆品大致有三类：第一类是产于外资品牌本国的产品；第二类属于 OEM（原始设备制造商）产品，第三类是 ODM（原始设计制造商）产品。其中 OEM 和 ODM 产品都产自国内，由外资企业委托的在华企业所生产，而外资企业只全权负责市场运作和产品营销。OEM 与 ODM 的主要区别是，OEM 产品是为品牌厂商（如外资企业）量身订造的，生产后也只能使用该品牌名称，不能冠以生产者自己的品牌名称再行生产；而 ODM 则要看委托的品牌企业是否买断该产品的版权，若没有买断，制造商有权以自己的品牌名称再组织生产。上述第一类属于进口化妆品，第二类和第三类由于产于我国，所以不属于进口化妆品。

由于进口化妆品有进口关税，在我国售价较高，使得国内一些不法商贩为谋求高额利润，往往以国内产品进行冒充或仿制，严重损害了消费者的利益。因此，了解进口化妆品的相关知识，掌握一定的识别技巧是非常必要的。

你购买的进口化妆品有许可标志吗

目前，国家卫生健康委员会对进口化妆品实行申报审核制度。进口化妆品要有"两证"（进口化妆品报关"两证"）：一是国家药品监督管理局颁发的《进口普通化妆品备案凭证》或《进口特殊化妆品批件》；二是《进口化妆品标签审核证书》。此"两证"在化妆品标签上都会有所体现。

进口化妆品上必须贴有中文标签，此标签经审核合格后才能颁发《进口化妆品标签审核证书》。标注的中文应为规范汉字，即简化字，字体高度不小于 1.8mm。

对于进口普通化妆品（非特殊化妆品），标签上应标注进口普通化妆品（或非特殊化妆品）备案文号，如"国妆备进字J20124321"；对于进口特殊化妆品，标签上应标注进口特殊化妆品批准文号，如"国妆特进字J20132105"。

正规进口化妆品的中文标签应包含哪些信息

正规的进口化妆品外包装上的中文标签应包含以下内容。

（1）产品名称。

（2）原产国或地区名称（中国台湾、香港、澳门）以及生产商名称及地址，而不会像一些伪劣产品以简单外文（如 Made in France）蒙骗消费者。

（3）经销商、进口商、在华代理商在国内依法登记注册的名称和地址。

（4）内装物量。

（5）生产批号及使用期限。

（6）进口（非）特殊用途化妆品（备案）批准文号。

对体积小又无小包装的特殊产品，如唇膏、化妆笔等，应标注产品名称和制造者名称。总体而言，进口化妆品要有中文标注信息，标注标签的外观应与原包装外观相近。

怎样通过感官识别假冒进口化妆品

从外观上看，不合格或假冒化妆品往往存在以下现象：①包装瓶往往较为粗糙，有的瓶盖与瓶身咬合不紧密，有的有渗漏现象；②包装印刷质量不如真品清晰，套色不正。③有的产品质地不够细腻，颜色不匀，有的呈颗粒状，有杂质斑点；④有的存在充气、发霉、酸败、发臭现象；⑤有的还有干缩、油水分离现象。

消费者在购买进口化妆品时，除应根据上述几项识别产品的真假外，还应结合其他因素，如价格因素及购买渠道等，有些在网上或小店铺售卖的所谓进口化妆品的价格与大型商场的售卖价格相差巨大，此时就应提高警惕，切不可一味听信商家的一面之词。学会并运用识别进口化妆品的一些常识，同时选择正规的购买渠道，才能降低购买假冒进口化妆品的风险。

需要注意的是，对于合法的进口化妆品，均可通过官方网络查询渠道验证其合法性。而对于通过个人渠道代购的海外化妆品，不属于进口化妆品，没有在我国国务院药品监督管理部门进行备案或注册，也就不可能通过我国官方网络渠道来查询其真伪，只能通过产品的外观等感官因素进行识别。

如何解读化妆品成分表

我国从 2010 年 6 月 17 日起，所有在中华人民共和国境内销售（包括国内生产和进口报检）的化妆品都需要在产品包装上真实地标注产品配方中加

入的全部成分名称。实施全成分标识规定，既符合各国法规规定，保护消费者知情权，同时提供更全面的产品信息，以方便消费者选择需要和喜爱的产品并避开过敏的原料，选择自己喜爱并适合的产品。化妆品成分表的标识有如下规律。

（1）所标识的成分名称按其在配方中的含量由大到小进行排序，即排位越靠前，表明这个成分在该化妆品中的含量越高。例如，"水"是大多数化妆品中最常使用的溶剂，在许多情况下是含量最多的成分，所以它一般在成分列表最靠前的位置。

（2）对于在产品中含量小于或等于1%的成分，在位于加入量大于1%的成分之后，可以任意排列顺序，也就是说，这类成分之间可以不分先后。

（3）香精虽然是多种香料的混合物，但在配方表中只作为一个成分，用"香精"一个词进行标注，并和其他成分一起按照加入量的顺序排入成分表中。

（4）色素一般以着色剂的编号（索引号）进行标注，如"CI73015"，如果没有编号，可以采用着色剂的中文名称，如"颜料黄"。

由此可看出，成分排名的先后顺序不代表它们的重要性，如水和甘油、丁二醇等一些其他物质是常用的溶剂，它们除了有基本的保湿作用以外，更多的是帮助分散和溶解化妆品中的有效成分，帮助这些有效成分接触皮肤或者毛发而发挥作用。另外，也有很多有效成分的含量可能不如水高，而在成分表中排位在水之后，但是它们却是化妆品发挥功效的重要因素。

化妆品成分表中的各种成分都有什么作用

化妆品全成分表能让我们了解产品都是由哪些成分构成的，但是这些成分通常会使用标准的化妆品原料标准中文名称来标记，这对于不具有化学专业背景的普通消费者来说，即使看到了成分表中的化妆品原料标准中文名称，也未必能够知道这些成分是什么、有什么作用。事实上，复杂的化妆品原料

标准中文名称代表的其实是一个简单的成分。下面简要介绍一些较为常用的化妆品成分。

1. 基质类成分

这一类成分用量较大，通常是全成分列表中排在最前面的成分。由于它们是化妆品有效成分的媒介，含量较多，包括溶剂原料、油质原料等，所以通常排在成分表的前几位，如水、乙醇、矿物油、凡士林等。

2. 皮肤护理成分

在化妆品中有很多是对皮肤有护理作用的成分，其化学性质多种多样，通过各自不同的原理发挥作用，护理皮肤，帮助皮肤更水润、紧致、光滑、亮白等。如具有保湿作用的甘油、透明质酸、胶原蛋白水解物等，能修复角质层的神经酰胺、维生素 E 等，能帮助去角质的水杨酸、角蛋白酶等，能抗氧化的超氧化物歧化酶（SOD）、维生素 C 衍生物等，能滋润肌肤的荷荷巴油及乳木果油等。

3. 护发成分

护发成分包括帮助头发柔顺的成分，如聚二甲基硅氧烷（硅油）、四级铵盐（季铵盐）、维生素 E 等；帮助去屑的成分，如吡硫鎓锌、水杨酸等。

4. 酸碱度调节成分

皮肤和毛发在正常状态下处于弱酸性，皮肤的 pH 值为 4.5~6.5（7 为中性，小于 7 为酸性，大于 7 为碱性），头发的酸碱性是中性偏弱酸性。为了维持皮肤及毛发正常的酸碱度，化妆品需要保持一定的酸碱度，但是这并不是说化妆品就一定要在皮肤的酸碱度范围内才行。一些偏碱性的产品能更好清洁，一些偏酸性的产品能更好地帮助皮肤自我更新，其原则是化妆品不能过度破坏皮肤自身酸碱平衡能力。常用的酸碱调节剂有柠檬酸、磷酸、酒石酸、磷酸二氢钠、三乙醇胺等。

5. 防腐剂

常用的防腐剂有羟苯甲酯、羟苯丁酯、羟苯乙酯、羟苯异丁酯、羟苯丙酯、山梨酸钾、苯甲酸钠、三氯生、苯扎氯铵、甲基氯异噻唑啉酮、甲基异噻唑啉酮、苯氧基乙醇、氯酚甘油醚、脱氢醋酸钠等。

6. 着色剂

化妆品中的色素没有标出具体名称，通常用编号标识，如 "CI77491" 等，如果着色剂没有索引号，则可采用其中文名称。

7. 清洁剂

清洁类化妆品发挥作用的主要是表面活性剂。如洗发产品及沐浴露中常用的椰油酰胺丙基甜菜碱、十二烷基硫酸钠（月桂醇硫酸酯钠）及月桂醇聚醚硫酸酯钠等；氨基酸洗面奶中常用的月桂酰谷氨酸钠、月桂酰肌氨酸钠及月桂酰胶原氨基酸钠等；洁面膏中常用的天然油脂（脂肪酸）和氢氧化钠、氢氧化钾（制备时脂肪酸与氢氧化钠、氢氧化钾反应生成的皂作为清洁剂）等。

选购儿童用化妆品时应遵循哪些原则

儿童用化妆品主要有护肤、清洁、卫生用品及防晒产品几类，其中清洁类及卫生用品最为多用，如清洁类的婴幼儿香皂、浴液及香波等，卫生用品类的痱子粉、爽身粉及花露水等。由于婴幼儿皮肤特别柔软娇嫩，所以在化妆品的选择上，除应考虑对皮肤、眼睛没有毒性外，还应确保产品的低刺激性。因此，选购儿童用化妆品时应遵循以下原则。

1. 购买专业、正规厂家产品

在购买儿童用化妆品时，尽量购买专业、正规的儿童化妆品生产厂家的产品。同时，尽量购买成熟产品、老牌产品，因为这样的产品已经经过较长时期的市场验证，安全性更高一些。

2. 购买配方组分简单的产品

产品配方组成越简单，引起安全风险的可能性就越小，尤其对于皮肤非常娇嫩的婴幼儿而言，尽量购买配方组成比较简单，不含香料、酒精以及着色剂的弱酸性洗护产品，以降低产品对宝宝皮肤产生刺激的风险。

3. 购买小包装产品

由于婴幼儿护理品每次用量较少，一件产品往往需要相当长的时间才能用完，所以尽量选购保质期长且包装不宜过大的产品，保证在保质期内使用完。

4. 购买婴幼儿不易开启的产品

在选购儿童用化妆品时，应选用婴幼儿不易开启或弄破包装的产品，以防婴幼儿在玩耍时摄入或吸入有害物质。

5. 不宜购买泡沫过多的产品

泡沫多的产品往往刺激性较大，对于儿童用化妆品而言，应选择质地清爽、用后感觉润滑的产品为宜，不宜购买泡沫过多的产品。

6. 从合法渠道购买产品

建议消费者从合法渠道购买儿童用化妆品，并可以通过登录国家药品监督管理局官方网站或化妆品监管 APP 查询所购买化妆品的标签标识信息与其产品注册或备案信息是否一致，如不一致，则产品质量存疑。消费者应妥善保存产品，并检查产品是否在有效期内。若宝宝在使用儿童化妆品后出现不适，应立即停止使用该产品并注意观察，如症状仍未改善则应及时就医。

使用儿童化妆品时应注意什么

（1）在给宝宝使用一种新的化妆品前，最好先给宝宝做个"皮试"。操作

方法是在宝宝前臂内侧中下部涂抹一些所试产品，若是沐浴露，则需要稀释后再涂抹，每天涂一次，连续 3~4 天，如果宝宝没有出现红疹等过敏现象，就可以进一步使用了。

（2）宝宝护肤品的品牌不宜经常更换，这样宝宝的皮肤便不用对不同的护肤品反复做出调整。

（3）不要让孩子随意用成人的化妆品，因为成人的化妆品中可能会添加一些功能性成分，如美白、抗衰老等成分，这些成分会对儿童娇嫩的肌肤产生较大的刺激，可能会对孩子的皮肤造成伤害。

婴幼儿可以选用防晒产品吗

防晒产品能够保护肌肤免受紫外线伤害，防止皮肤出现急性晒伤、日晒黑斑以及日积月累后的光致老化。然而，婴幼儿群体是否可以正常使用防晒产品呢？

对于 6 月龄以下婴儿来说，户外活动需求较少，接受紫外线照射的时间较短，同时，此阶段的婴儿皮肤娇嫩，体表面积与体重的比值较高，涂抹防晒产品更容易发生不良反应，因此不宜使用防晒产品，应当避免日光直射期外出（每日上午 10 点至下午 2 点）。若需要外出，尽量以戴帽子、打伞、穿浅色纯棉衣物等物理遮盖的方式防晒。

对于 6 月龄以上至 2 岁的婴幼儿，仍然以衣物遮盖防晒为主，也可以使用 SPF10/PA+ 以内的物理性防晒产品，以霜剂产品为宜。

孕妇在选择化妆品时应注意哪些问题

孕妇作为一个特殊的群体，在选择化妆品时，除应考虑化妆品对自身的

影响外，尤其要保证腹中胎儿的健康，因此在化妆品的选用方面要格外谨慎。

根据各类化妆品的不同特点及其对孕妇以及胎儿可能产生的不良影响，孕妇最好避免接触和使用以下几类化妆品。

1. 染发产品

染发产品不但会对孕妇产生不良影响，容易致敏，甚至有致癌的风险，而且还有可能导致胎儿畸形。因此，孕妇在妊娠期间不宜染发。

2. 烫发产品

烫发所用的冷烫精会影响孕妇体内胎儿的正常生长发育，也会导致孕妇脱发，个别人群可能还会出现过敏反应。

3. 唇用化妆品

唇用化妆品包括唇膏、唇彩等，由各种油脂蜡类原料、颜料和香精等成分组成。其中的油脂蜡类原料覆盖在口唇表面，极易吸附空气中飞扬的尘埃、细菌和病毒，经过口腔进入体内，此时一旦孕妇的抵抗力下降就会染病；有毒、有害物质以及细菌和病毒还能够通过胎盘对胎儿造成威胁。同时，口红中的颜料也可能会引起胎儿畸形。

4. 指甲油

目前市场上销售的指甲油大多是以硝化纤维素作为成膜材料，配以丙酮、乙酸乙酯、乙酸丁酯、苯二甲酸等化学溶剂、增塑剂及各色染料而制成的。这些化学物质对人体有一定的毒害作用，日积月累，对胎儿的健康也会产生影响，容易引起孕妇流产及胎儿畸形。

5. 芳香类产品

此类产品包括香水、精油等，其中散发香气的香料成分有可能会导致孕妇流产。

6. 祛斑美白类产品

孕妇在妊娠期间会出现面部色斑加深或颈部色素沉着加剧的现象，一般情况下，这是正常的生理现象而非病理现象，孕妇此时切不可选用祛斑美白产品，否则不但达不到理想的祛斑效果，有些祛斑霜中含有的铅、汞等重金属，甚至是违法添加的某些激素等有害物质，还会对孕妇自身健康产生影响，并影响胎儿的生长发育，甚至可能出现畸形胎儿的风险。

7. 脱毛霜

化学性脱毛霜中的脱毛成分会影响胎儿的生长发育。

另外，孕妇在选择化妆品时，应关注化妆品成分表中的成分，避免选用含视黄酸类、激素类成分的化妆品，这两类成分都有可能对胎儿的发育造成不良的影响，甚至导致胎儿畸形。同时，尽量选择不含或少含香精及防腐剂的产品，以降低对胎儿产生不良影响的风险。一般情况下，孕妇在妊娠期间不宜化妆，以清洁、护肤为主要护理方式，而且目前市面上有专门为孕妇提供的一类化妆品，但都是基础护理类产品，产品质量安全，均可放心选择使用。如果在孕前已经使用的一些基础护理化妆品如洗面奶、化妆水和乳液等，只要符合上述提到的注意事项，也可继续使用。

敏感性皮肤在选用化妆品时应注意什么

敏感性皮肤往往对很多化妆品都不耐受，尤其对含有化学成分的化妆品反应强烈。因此，最好选择专为敏感性皮肤设计的舒缓类化妆品，其含有的活性成分主要有积雪草提取物、洋甘菊提取物、马齿苋提取物、维生素 B 族、尿囊素、红没药醇等，产品作用要温和，不含或少含香精、乙醇等刺激性成分，产品 pH 值应接近皮肤，不能过高或过低，同时也不宜选用含有动物蛋白的面膜及营养霜，产品配方尽量简单为好。对于具有深层洁肤作用的磨砂膏、去死皮膏以及撕拉性面膜均不宜选用，也不宜采用热敷或者热的喷雾等方式为皮肤补水，以免加重皮肤敏感。

对于不同类型的化妆品，敏感性皮肤在使用过程中也应加以注意，避免由于使用方法不当对皮肤造成不良影响。

另外，敏感性皮肤人群更换化妆品时应非常慎重，最好事先做皮肤试验，以确保其安全性。试验方法是在前臂内侧涂抹少量受试产品，每天涂抹2次，连续7天左右，若无过敏反应出现，方可使用。切忌滥用或频繁更换化妆品。

皮肤敏感者如何使用洁面乳和其他清洁产品

适度的清洁是敏感性皮肤的保养重点。首先，清洁时水温的选择很重要，因为敏感性皮肤不能耐受冷热的刺激，所以在洁面及淋浴时，水温需以接近皮肤温度为宜。其次，不宜频繁使用清洁类产品，以免破坏原本就很脆弱的皮脂膜，一般每天或间隔数天使用一次洁面乳，每周使用1~2次沐浴产品，具体可根据所处环境、季节以及个体情况适当加减，谨防清洁过度。

皮肤敏感者如何使用化妆水

敏感性皮肤的人使用化妆水，可采取下列三种方法之一即可。

（1）将适量化妆水直接涂抹或喷至皮肤表面后，用指尖轻轻拍打，促其吸收。

（2）把化妆水倒在或喷至化妆棉上，贴在面部，待15~20分钟后揭开，但一定要保持化妆棉始终处于湿润状态。

（3）针对在空调等干燥环境中的情况，可直接将化妆水喷在面部，数秒钟后用纸巾吸干剩余水分。

皮肤敏感者如何选用保湿产品

敏感性皮肤人群的角质层往往较薄，保持水分的功能较差，当在环境温度升高或湿度降低的情况下，会比一般人更敏锐地感觉到皮肤干燥，因此保湿工作是敏感性皮肤养护的关键步骤，需要每天早晚使用。保湿产品的使用方法并无特殊，重要的是选用的产品应满足保湿度较高、性质温和且不含香精、乙醇等刺激性成分这些基本要求。

皮肤敏感者如何选用防晒产品

由于敏感性皮肤人群的表皮层较薄，更容易受到紫外线的侵害，容易出现日晒红斑及光老化现象。因此，此类人群更应重视防晒产品的使用，可选用含有物理防晒剂（如氧化锌或二氧化钛）的产品。因为物理防晒剂的刺激性小，而化学防晒剂在吸收紫外线的同时，将光能转化为热能，容易激发面部潮红和血管扩张。

防晒产品应在出门前 15~30 分钟涂抹，而且需要每 4 小时补涂 1 次。需要注意的是，一年四季均需防晒，而且无论室内、室外都应涂抹防晒产品，已有研究显示，室内的日光灯也可引起皮肤的光老化。

痤疮患者如何选用清洁产品

痤疮患者往往皮脂分泌较多，应选用不含或少含油脂的清洁产品，其中皮肤油脂相对更多者可选用洗面奶或泡沫洁面乳，中等偏油者可选洁面啫喱，以去除多余皮脂为清洁目的，切勿清洁过度，否则反而会促进皮脂过度分泌。清洁次数视油脂分泌情况而定，一般每日 1~2 次，若洁面后感觉皮肤干燥，就应减少清洁次数。同时，清洁手法宜轻柔，切忌揉搓，以免破坏皮肤屏障。另外，尽量不要日常化浓妆，化妆后要用卸妆水清洁，而不选用卸妆油。

痤疮患者如何选用化妆水

痤疮患者由于皮脂分泌旺盛，大多毛孔粗大，故应选用具有收敛作用的产品，使皮肤紧致，并可减少皮脂分泌，还能调节皮肤的 pH 值。洁面后，可选用具有收敛作用的爽肤水或紧肤水。毛孔粗大者，可选用紧肤水，每日 3 次；毛孔粗大且皮肤干燥者，可选用保湿爽肤水或柔肤水，每日 2~3 次为宜。

痤疮患者如何选用保湿产品

很多痤疮患者往往同时存在皮肤干燥缺水的问题，合理使用保湿产品可有效改善痤疮症状。无皮肤干燥表现的痤疮患者，可选用水剂或乳液类保湿产品，冬季或应用控油产品后可选用保湿作用相对强一些的霜剂产品。对于伴有皮肤敏感或皮肤干燥的痤疮患者，宜选用具有高度保湿作用的霜剂产品，但产品中的油脂含量不宜过多。

痤疮患者如何选用防晒产品

防晒剂分为物理防晒剂（无机防晒剂）和化学防晒剂（有机防晒剂）两类，市面上很少有单纯的物理防晒或化学防晒产品，多为物理防晒剂和化学防晒剂以一定比例配合使用的产品。痤疮患者不宜选用以物理防晒剂为主的防晒产品，因为物理防晒剂主要含有氧化锌和二氧化钛这两种矿物粉末，这类防晒剂涂抹在皮肤上比较厚重，而且需要涂抹到一定厚度才能起效，不易洗净，长期使用会堵塞毛孔，使痤疮进一步加重。因此，应选用以化学防晒剂为主、质地轻薄的防晒乳液，用后切记严格卸妆，以免残留物堵塞毛孔。

痤疮患者选用化妆品时应注意什么

（1）避免选用含有香料的化妆品，谨防香料诱发接触性皮炎。配方中含有酒精成分的产品可以适当使用。

（2）痤疮重症患者或炎症反应较强者应禁用粉底霜，含有水杨酸的祛痘产品也不宜常用。

（3）虽然祛痘产品在某种程度上对痤疮可起到一定的防治作用，但也可能会加重痤疮，甚至导致接触性皮炎，尤其是长期使用一些违规添加激素、抗生素、视黄酸等成分的祛痘化妆品可能会导致更严重的后果。

（4）一定要在正规渠道选用祛痘化妆品，对于包装标签上印有"速效""特效""永不复发"等违规宣传语的产品要提高警惕，不要轻信。

（5）对于较为严重的痤疮患者，应该到医院皮肤科进行正规治疗，不要过度迷信祛痘化妆品，因为化妆品不同于药品，它的作用是有限的，只能起到辅助改善的作用，单纯依靠化妆品的作用是不够的。

怎样选购适宜的洁面产品

目前，市场上的洁面产品种类很多，就其外观形态来说，主要有洁面皂、洁面膏、洁面啫喱、洁面乳以及洁面泡泡等。理想的洁面产品首先应该具有较好的清洁力，不论有无泡沫，均能去除面部的多余油脂以及皮屑、灰尘等污垢；同时兼具保湿功能，洗后皮肤水润光滑、不紧绷；另外配方还应温和、无刺激。不同的皮肤类型适宜的洁面产品自然也不相同，可参考以下建议进行选择。

1. 干性皮肤

干性皮肤人群应该使用温和、低泡、弱酸性且具有保湿作用的洁面产品。可选择无泡或低泡的洁面乳液或洁面泡泡，此类产品无刺激，能在皮肤表面留有一层油膜。

2. 中性皮肤

中性皮肤属于最好打理的健康皮肤，使用温和、弱酸性、能保湿的洁面产品即可。洁面乳液、洁面膏、洁面啫喱均可选用，只要保证一定的清洁力即可。

3. 油性皮肤

油性皮肤皮脂分泌较为旺盛，需要使用泡沫丰富、清洁力较强的产品，以除去皮肤表面多余油脂。可选择去脂力较强的洁面膏或洁面皂，但需要注意的是不能清洁过度，每天清洁次数不宜过多，否则反而会促进皮脂分泌。

4. 混合性皮肤

此类皮肤人群两颊干燥，"T 字区"油腻，最好选用适宜干性皮肤和油性皮肤的两种洁面产品分别清洁。

怎样选用适宜的卸妆产品

化妆可以美化容颜、增加自信，不但日益成为现代女性生活中不可或缺的一部分，而且男士彩妆化妆品目前也呈现出迅猛发展的势头。然而，彩妆类产品中由于含有色素、颜料及粉质原料等物质，附着在皮肤表面不易清洗，如果卸妆不彻底，长时间残留在皮肤或唇部表面的彩妆产品就会堵塞毛孔，影响皮肤或唇部正常的新陈代谢，甚至会引起痤疮、色素沉着或唇色加深、形成唇纹等问题，还有可能加速皮肤衰老。所以，及时、彻底地卸妆对皮肤的健康是非常重要的。目前，较为常用的卸妆产品主要有清洁霜、卸妆油以及卸妆水等，了解这些卸妆产品的性能特点对于卸妆产品的选择至关重要。

1.卸妆油

卸妆油配方中除了基础油脂原料以外，还有表面活性剂成分，因此清洁力较强，可溶解面部的污垢，再通过与水乳化的方式，彻底溶解彩妆，适合卸浓妆时使用。但使用时应注意保持手和面部干燥，避免卸妆油未溶解彩妆时就已与水发生乳化，影响卸妆油的清洁效果。

2.清洁霜

清洁霜质地相对较厚，配方组成与溶剂型洗面奶相近，只是油性成分含量较高，一般情况下可较全面地清除彩妆，对皮肤的滋润作用较强。使用时先用清洁霜顺着皮肤纹理按摩1分钟左右，然后用纸巾将清洁霜擦净即可。

3.卸妆水

卸妆水的清洁力较弱，主要是水和表面活性剂起清洁作用。一般喷在化妆棉上使用，常用于清除唇膏和眼部彩妆，也用于淡妆人群正常洁肤后的二次清洁。

消费者在选用卸妆产品时，除了应考虑上述卸妆产品的性能特点，还应结合自身的皮肤特点、上妆的浓淡及化妆部位（唇部、眼部需温和卸妆）等因素，既要保证卸妆彻底，又不可清洁过度，否则都会对皮肤造成伤害。

卸妆时有哪些注意事项

（1）卸妆顺序：先卸眼部及唇部彩妆，然后是眉毛，最后卸面部妆容。

（2）卸妆手法：要轻柔，避免过度摩擦而伤害皮肤。

（3）使用卸妆油及清洁霜类产品后，最好再用性质温和的洗面奶清洗一次，以达到彻底的清洁效果。

若卸妆 10 分钟后，面部皮肤无紧绷感，摸起来清爽不油腻，说明卸妆适度而干净，卸妆产品选择得当。

怎样选购适宜的保湿化妆品

无论任何年龄、任何肤质，在任何季节都应该时刻做好皮肤的保湿护理。现如今保湿化妆品种类繁多，如保湿霜、保湿乳液、保湿啫喱、保湿喷雾以及保湿面膜等。其中的保湿成分也各不相同，常用的水溶性或亲水性的保湿成分有甘油、氨基酸类、吡咯烷酮羧酸钠、乳酸及乳酸钠、尿囊素、水解胶原蛋白及透明质酸（玻尿酸）等，这类保湿成分能够吸收水分，与水分结合，维持或提高角质层含水量，使皮肤保持水润状态；常用的油性保湿成分有荷荷巴油、小麦胚芽油、澳洲坚果油、杏仁油、乳木果油等，它们能够在皮肤表面形成具有润肤作用的油脂膜，既可防止角质层水分过度蒸发，又可保护皮肤免受外界不良环境的刺激和伤害，同时还可延缓皮肤衰老。在选择保湿化妆品时，应根据保湿产品的特点以及自身皮肤的类型，并结合季节的改变，选择适宜的保湿产品。

1. 保湿霜

这是一类半固态乳剂产品，其中固态油性成分含量相对较多，能够在皮肤表面很好地形成一层油膜，具有较好的滋润、柔软皮肤作用。适用于成熟、干性和敏感性肌肤，尤其对于成熟性肌肤来说，这是最好的选择。对于气候干燥的秋冬季节，保湿霜也是较好的选择。

2. 保湿乳液

这是一类具有流动性的乳剂产品，配方组成与保湿霜类似，其不同之处在于所含的固态油质原料较少，水分含量较大。因此，保湿乳液既可以为皮肤补充油分，在皮肤表面形成油膜，同时使用清爽、不油腻。中性、油性、干性、混合性及敏感性皮肤均可使用，但对于敏感性及干性皮肤来说，滋润度不强，春夏季节尚可单独选用，进入秋冬干燥季节则保湿度不够，应再配合滋润度更强些的保湿霜为好。

3. 保湿啫喱

此类产品多为水性啫喱，几乎不含油性成分，非常水润清爽，深受消费者喜爱。正常肤质、混合性皮肤、油性皮肤以及痤疮皮肤均可选用。但由于其不能在皮肤表面形成油膜，所以进入秋冬季节，或对于干性皮肤以及皮肤正处于缺水状态的人群来说，则达不到理想的保湿效果，可在使用此类产品后再配合保湿霜使用，以弥补其不足。

4. 保湿喷雾

这类产品使用非常方便，在护肤的任何过程都可以使用，外出携带或在湿度较低的环境下可随时为肌肤补充水分，适合所有类型肌肤使用。使用时，距离面部20厘米左右将水雾喷向面部，然后用手指轻拍促其吸收，有条件的情况下，可外涂乳剂类产品或精华，以防止水分流失。另外，化妆后也可以使用，有促进定妆的效果。

如何选用防晒化妆品

在日常皮肤护理中，防晒化妆品的使用已经成为必不可少的一个步骤。从剂型看，防晒化妆品有防晒膏霜、防晒乳液、防晒油、防晒凝胶及防晒棒等；从防护强度看，SPF 值有 2~50+（大于 50 者标为"50+"）的不同，PA 防护等级有 PA+、PA++、PA+++、PA++++ 之分。因此，如何合理选用防晒化妆品，做到安全有效、防护到位，是众多消费者非常关心的热点问题。选择防晒化妆品应注意以下几个问题。

1. 审核产品标签内容

这点主要是判断产品是否正规合法，防晒化妆品在我国属于特殊用途化妆品，除普通化妆品标签上应标识的内容外，产品标签上必须要有"特殊用途化妆品批准文号"，并且标明防晒系数 SPF 值和 PA 防护等级。

2. 防护强度的选择

一般情况下，SPF 值和 PA 防护等级越高，防晒效果越好，同时刺激性也越大，带来的不安全因素也就越多。因此，消费者不要一味追求高防护强度的产品，应根据阳光暴露情况选择适宜防护强度的防晒产品，主要从所处的季节、外出的时间、所处的环境等几方面进行考虑。一般冬日、春秋早晚和阴雨天时宜选 SPF 值为 8~15、PA+ 的防晒产品；夏日早晚宜选 SPF 值为 15~20、PA++ 的防晒产品；外出旅游时宜选 SPF 值为 20~30、PA+++ 的防晒产品；长时间停留在阳光下如日光浴或处于雪山环境中应选 SPF 值 >30、PA++++ 的防晒产品；对日光敏感或患有光敏性皮肤病的人群则推荐使用高防护强度的产品。

3. 防水性防晒产品的选择

夏天户外活动常常出汗，以及进行水下工作或游泳时，皮肤长时间受水浸泡，极易导致皮肤表面的防晒产品被稀释或冲洗掉，影响防晒效果。因此，在水下活动或易于出汗的环境中，应选择标识有防水、防汗性能的防晒产品。

4. 成分和剂型的选择

痤疮皮肤人群应选择以化学防晒剂为主、质地轻薄的防晒乳液；敏感性皮肤人群应选具有防过敏作用、配方尽量简单的防晒霜或防晒乳液；油性皮肤人群可选质地水润的防晒凝胶；干性皮肤可选滋润性较强的防晒霜；中性皮肤选择范围较广，防晒霜、防晒乳、防晒凝胶等均可；混合性皮肤则应根据不同部位按干性和油性皮肤选用原则分别对待。另外，防晒油一般用于涂抹身体暴露部位。

如何正确使用防晒产品

防晒产品的使用方法得当与否，可直接影响防晒效果，并会对皮肤健康产生影响。使用防晒产品时，应注意以下几点。

1. 涂抹时间

防晒产品应在出门前 15~20 分钟时涂抹，使其在出门时已经均匀紧密地附着于皮肤表面。

2. 涂抹量

涂抹防晒产品的量要足够，正常情况下，产品用量达到 $2mg/cm^2$ 时才能达到标签上所标识的防护强度，而消费者在实际使用化妆品时的一般用量为 $0.5~1mg/cm^2$。研究发现，防晒产品在用量不足的情况下，其防晒效果会直线下降。因此，正确使用防晒产品的方法是保证足量、多次使用，每隔 2~4 小时可重复涂抹一次。

3. 涂抹方法

大多数化妆品涂抹时建议按摩以促进活性成分被皮肤吸收，而防晒化妆品则不同，产品中的防晒剂应停留在皮肤表面发挥防晒作用。因此，涂抹防晒产品时应轻拍，不要来回揉搓，更不能用力按摩，以防产品中粉末类的防晒剂被深压入皮纹或毛孔中，造成堵塞毛孔，清洗困难。

另外，不要过于依赖防晒产品，应采用多种防晒措施综合防护，如衣帽、太阳镜、遮阳伞等。不要以为自己使用了高防护强度的防晒产品，就可以随意延长日光暴露时间。近年来许多其他类型的化妆品也将防晒作为其产品的一种新的功能，从发展的眼光看，防晒化妆品作为一种独立的产品或许正在消失，而逐渐变成将防晒功能融合在其他类型的化妆品中。同时需要注意的是，目前有些产品如"BB霜"等，虽然产品标签上标注有SPF值，但是并没有获得《特殊用途化妆品行政许可批件》，即在标签上未标识"特殊用途化妆品批准文号"，所以，这类产品无论是安全性还是产品的防晒效果，均是得不到保障的。

选用祛斑美白化妆品时应注意哪些问题

美白祛斑化妆品种类繁多，在皮肤护理的各个环节都能找到相应的美白产品，如祛斑霜、美白化妆水、美白精华液、美白乳液、美白面膜及美白霜等。在选用祛斑美白化妆品时，除应注重其祛斑美白的功效外，更应重视其使用的安全性，主要注意以下几个问题。

1.审核产品标签的内容

购买任何种类的化妆品时，首先应注意审核产品包装上的标签内容是否完整规范，尤其是祛斑美白产品的标签上必须标注《特殊化妆品注册证》编号（或"特殊用途化妆品批准文号"），如"国妆特字G20200257""国妆特进字J20200522"（进口特殊化妆品）。国家药品监督管理局2019年发布了化妆品监管APP，消费者在购买化妆品时可以在该APP上查询并核对产品的注册备案信息与产品标识的信息是否一致，如不一致，则产品来源、质量存疑。

2. 关注成分表中的功效性成分

如果成分表中含有包括果酸在内的各种酸性成分，则应注意其位于成分表中的位置是否靠前，其位置越靠前，则说明在产品中的含量越高，其作用不是调节产品 pH 值，而是在产品中作为化学剥脱美白剂，用以去除皮肤表层的角质细胞，使皮肤光洁白嫩，满足产品在短时间内呈现美白效果的需求。若长期使用这类含化学剥脱剂的产品，则会刺激皮肤，引起皮肤慢性炎症反应，反而会导致皮肤色素沉着。这类产品还会导致皮肤屏障功能受损，使皮肤抵御外界侵害的能力降低，出现临床所谓的"换肤综合征"，导致皮肤对各种化妆品均不耐受，对光、热敏感，还可出现皮肤发红、脱屑、有紧绷感等，皮肤水分过度丢失，极易出现老化现象。美白化妆品中只允许使用 3% 以下浓度的果酸，中等浓度的果酸可用以祛斑，20% 以上高浓度的果酸只能在专业人员的指导下使用。

3. 不要急于求成

很多消费者对于祛斑美白产品寄予过高的期望，希望所用产品能在短期内就呈现明显的美白效果，这是不切实际的。能够满足消费者快速祛斑美白愿望的产品有两种可能：第一种是产品中含有上面所说的较高浓度的化学剥脱剂，第二种是产品中非法添加了汞化合物、激素或对苯二酚等禁用物质。若长期使用这两类产品，不仅会对皮肤造成较大的伤害，还会对消费者的身体健康造成很大的威胁。

因此，应该选择以熊果苷、维生素 C 衍生物、茶多酚、原花青素、甘草黄酮等为美白活性物质的产品，这些物质能够抑制黑色素生成。而黑色素由表皮基底层至角质层的运输时间为 28 天，也就是说，表皮的更替时间为 28 天，因此美白产品至少要使用 1 个月才开始显现效果，连续使用数月方可有明显效果。对于使用后很快出现明显效果的祛斑美白产品，一定要提高警惕，尤其是有一种特殊的类似医院病房消毒气味的产品，很可能加入了较高浓度的对苯二酚，应立即停用，以免导致严重后果。

另外，需要注意的是，祛斑美白产品的功效不是一劳永逸的，如果功效性成分为还原剂（如维生素 C 衍生物）的产品，一旦停用，被还原的黑色素会恢复到原来的氧化状态而呈现颜色，而使肤色恢复到从前的状态。因此，抗氧化的祛斑美白产品需要较长的使用时间。

延缓皮肤衰老有哪些有效手段

衰老是生命进程的自然规律，虽然不可阻挡，但可通过相应措施减缓衰老的步伐，合理选用化妆品，对皮肤进行有效的日常护理就是延缓皮肤衰老的有效途径之一。在选用化妆品时应注意以下几方面。

1. 重视晚霜的选用

晚上 10 点至凌晨 2 点这段时间是皮肤细胞生长和修复最旺盛的阶段，这段时间内若能给肌肤提供充足的养分以及有助于修复肌肤的活性物质，则能促进肌肤的修复功能，使肌肤从白天的疲劳中恢复过来，经过一夜的休整后又充满活力。因此，选用适宜的晚霜对延缓皮肤衰老具有非常重要的作用。目前仍有很多人只关注白天所用化妆品的选用，对于晚霜的选用不够重视，入睡前清洁皮肤后，只是简单地涂抹些保湿产品应付了事，失去了延缓皮肤衰老的重要时机。

2. 有效防晒和保湿

过度的紫外线辐射和皮肤缺水均能加速皮肤衰老，所以在白天对皮肤的日常护理中，防晒和保湿是非常重要的两个方面，尤其要注意的是，不只是在夏天需要防晒，一年四季不论春夏秋冬、不论晴天或是阴天均需要防晒。

3. 不要过度频繁更换护肤品

过度频繁更换护肤品或使用成分不明的化妆品，不仅会增加皮肤过敏的概率，而且会使皮肤频繁地处于适应新化妆品的过程中，加重皮肤负担，这两种情况都会加速皮肤的衰老进程。

4.适度化妆、彻底卸妆

不要经常化浓妆，每天应及时、彻底卸妆。

另外，单纯依靠化妆品延缓皮肤衰老所达到的效果毕竟是有限的，还应结合良好的生活习惯，如适量的运动、健康的饮食、充足的睡眠以及愉快的心情等，若能做到以上这些，则更有助于延缓皮肤衰老。

日霜与晚霜有区别吗

日霜和晚霜是最常用的两类护肤产品，很多消费者并不清楚两者有何区别，有些消费者甚至认为，只要是护肤膏霜，无所谓白昼与夜晚，没有必要分成早晚两类分别使用，其实这种想法是完全错误的。护肤霜被设计为日霜和晚霜两种不同的产品，主要是根据皮肤白昼与夜晚所处的环境以及皮肤的状态不同，因此日霜和晚霜的作用也不相同。

1.日霜

日霜在护肤的同时，偏重隔离效果。这是因为日霜在白天使用，皮肤会受到紫外线的辐射以及彩妆产品或其他污染物的侵蚀。所以，日霜在发挥润肤以及修护皮肤作用的同时，最大的功能在于可以防御环境因素（如紫外线辐射、空气污染等）以及彩妆产品对肌肤的损害。目前市面上销售的日霜中大都含有防晒剂，注重防护、隔离功能，适合白天使用。

2.晚霜

晚霜功用的重点在于修护和滋养。科学研究表明，晚上10点至凌晨2点是皮肤细胞生长和修复最旺盛的阶段。晚霜正是根据皮肤的这一特点进行设计的，其中所含有的丰富营养及功效性成分，能够滋养皮肤，加速皮肤的新陈代谢，恢复皮肤的健康状态，使皮肤更加紧致和细腻，这些都是日霜所达不到的效果。

由此可见，日霜和晚霜一定要分开使用，若日霜用于夜晚，则达不到很好的滋养、修护皮肤的效果，尤其是超过 25 岁的女性更应特别注意，因为女性自 25 岁后，皮肤就开始走向衰老，所以应重视夜晚皮肤的养护，选择适宜的晚霜，不能用日霜代替。同时，日霜中含有的防晒剂在晚上使用也会对皮肤造成不良影响。

选用染发产品时应注意哪些问题

染发产品在我国属于特殊化妆品，其中的染发剂有暂时性染发剂、半永久性染发剂和永久性染发剂三类。目前，最为常用的染发产品中的染发剂属于永久性染发剂，这类染发剂如果选用不当，则会给消费者的健康带来很大的安全隐患。所以，在选用染发产品时应注意以下几方面。

1. 选购染发产品须谨慎

消费者应选择正规、合法渠道购买染发类化妆品，并选购标识清楚的产品。选购时应仔细审核产品标签，看其内容是否正规完整。要查看产品名称、生产企业名称和地址、净含量、成分表、生产日期和保质期（或生产批号和限期使用日期）、生产许可证号等信息，尤其注意是否标有"特殊用途化妆品批准文号"，若无批准文号，则产品的安全性无法保障。选购进口产品时，还要查看其中文标签中的产品名称、生产企业等，以防假冒伪劣产品引起不良事件的发生。产品信息可登录国家药品监督管理局官方网站查询、核对。消费者还应保存好购买凭证和产品包装信息，以备维权时所用。

另外，选购染发产品时还应关注其色号及生产批号。因为同一商标名的产品，如果色号不一致，则其配方成分不一致，属于不同产品，即使是同一色号的同一商标名产品，不同生产批号也有可能存在差异，消费者在选购时务必要留意。

2.染发前须知

（1）使用染发产品前应认真阅读使用说明，并按要求做过敏试验，确保无过敏反应后方可使用。对于具有过敏体质和有过染发过敏反应经历的人，应慎重染发，并尽量减少染发频率。头面部等易于接触染发产品部位的皮肤若有破损，或存在红斑、丘疹、皮疹等，以及正在服用可能引起过敏的药物或身体状况欠佳时，应暂缓使用染发产品。

（2）说明书中如果提示该产品为专业使用，则不建议消费者自行使用。

（3）按说明书要求，保证使用时间间隔，避免因过度频繁使用导致不良反应或事件发生，如果既往发生过染发类化妆品不良反应或事件者，避免再次使用相同产品。

（4）染发产品不可用于染眉毛和眼睫毛，16岁以下消费者不宜使用，染发与烫发不宜同期进行。不要用不同的染发产品同时染发，因为染发剂之间可能会发生化学反应。

（5）染发前最好不要洗头，也不宜做头部按摩，否则染发剂容易被头皮吸收，危害身体健康。

3.染发时注意事项

（1）使用时需进行佩戴手套、耳套等防护措施，染发时避免染发产品和皮肤接触，可使用凡士林等涂抹在易于接触染发产品的皮肤部位。

（2）染发剂和氧化剂的配比要严格按照说明书的配比要求，保证各成分能够有效中和。产品使用量不宜过多，能满足染色需求即可。

（3）染发过程中，注意操作手法，尽量避免染发产品接触头皮或其他部位皮肤，若不小心涂抹到皮肤上，应尽快擦拭掉并清洁皮肤。如染发产品不慎入眼，应立即用清水冲洗。

（4）染完头发后，应将残留在头发上的染发产品彻底清洗掉，洗发时，不要用指甲抓挠头皮，以免头皮破损。

4.染发后注意事项

（1）使用染发产品后，消费者应注意观察自身状况，尤其是头、面部等是否有皮疹、瘙痒、灼烧感等或其他异常情况。

（2）一旦发生不良后果，应立即彻底清洗，并避免再次接触此种染发产品，如果症状严重或未缓解，应及时到医院就诊，就医时建议携带染发产品，并可通过所在地区化妆品不良反应监测"哨点医院"或化妆品监督管理相关部门，上报化妆品不良反应或事件信息。

（3）若怀疑化妆品产品质量存在问题，可拨打投诉举报电话 12331 反映情况。

总之，染发产品一直被认为是有安全风险的一类化妆品，不宜频繁使用，在我们追求美的同时，应该把安全放在第一位。

牙膏泡沫越多越好吗，选用牙膏时应注意什么

泡沫越多的牙膏质量越好是对牙膏认识的一个误区。实际上，泡沫的多少与牙膏的质量没有直接的关系。牙膏中的泡沫是由其中的发泡剂发挥作用的，这些发泡剂多为表面活性剂，如月桂醇硫酸钠就是非常常用的发泡剂，在牙膏中不但具有发泡作用，同时也具有清洁作用。但是，对于儿童来说，过多的泡沫很容易刺激其娇嫩的咽部，使其产生呕吐反应，从而影响刷牙效果，所以牙膏并不是泡沫越多就越好。

牙膏的清洁能力除了靠发泡剂体现以外，还有一个重要的起清洁作用的物质，即摩擦剂。除此以外，牙膏配方中还包括保湿剂、胶黏剂、甜味剂等。摩擦剂是辨别牙膏质量的主要依据，粗糙的摩擦剂容易磨损牙齿，因此，一定要选择膏体细腻光滑的产品。如果刷牙后感觉口腔中有沙子样的颗粒，需要漱口多次的，大多由于摩擦剂粗糙的缘故，建议立即停止使用。摩擦剂种类不同，则摩擦清洁效果也不相同。碳酸钙是最常用的一类摩擦剂，价格便宜，常用于中、低档牙膏中；二水合磷酸氢钙摩擦力较为温和，不损伤牙齿，不刺激口腔黏膜，但价格较贵，在我国常用于高档产品；二氧化硅摩擦力适中，是理想的药物牙膏摩擦剂，且能使膏体透明，常用作透明牙膏的摩擦剂；

氢氧化铝、磷酸三钙、热塑性树脂等也都是常用的牙膏摩擦剂。

需要格外注意的是，由于儿童的牙龈脆弱，牙齿钙化程度差，所以一定要选用儿童专用牙膏，切不可使用成人牙膏。如果儿童出现蛀牙，则应该选用防酸性牙膏；对市面上销售的含氟牙膏，青少年儿童应慎用，学龄前儿童应禁用，以免造成氟斑牙，甚至氟化骨症等氟中毒的严重后果。

化妆品越贵越好吗

很多人都认为贵的化妆品就是好的化妆品，其实并非如此。价格只是购买化妆品的一个参考因素，关键还是看化妆品是否适合本人皮肤的特点以及个人的经济承受能力，一定要根据皮肤需求选择合适的化妆品，而不是简单地仅从价格高低来判断化妆品品质的优劣。花多少钱购买化妆品，与获得良好的产品效果完全是两回事。化妆品的品质优劣可以从以下五方面来评价。

1. 安全性
安全性应是化妆品质量的首要保证，也是优质化妆品的前提。

2. 功效性
产品功效是顾客购买化妆品的根本要求，是化妆品最终能否被认可的根本。但对于那些过分强调、夸大产品功效而价格不菲的化妆品，应加以警惕，要关注它的安全性，不要被类似"七天美白""十天祛斑"等虚假宣传所迷惑。

3. 使用感
良好的使用感毫无疑问能获得最广大顾客的青睐，是优质化妆品的必备要素。

4. 稳定性
化妆品都具有一定的使用时间，保证在使用期限内不发生质量问题，这是化妆品质量保证的因素之一。

（5）性价比

性价比是指作用效果和综合性能与价格间的对应程度比。同类型但不同厂家、不同品牌的化妆品价格相差很大，而品质的高低，取决于对化妆品的适应度和购买目的。如果经济能力允许，可以购买可接受的价高名牌产品，但是使用效果不一定与价格成正比；如果只是追求实用性，想达到一定的使用效果，就不必过分追求高价位产品，只要在正规渠道购买正规厂家的合格产品，同时又能满足自己的需求即可，不必过分追求高价位的奢侈产品，用最低的价格达到最满意的效果才是最好的。

购买化妆品时常见的不良习惯有哪些

日常生活中，经常会有一些不良习惯影响消费者对化妆品的正确选择。在购买化妆品时，常见的不良习惯主要表现为以下几点。

1. 盲目追求名牌

很多消费者对于名牌产品盲目崇拜，在选购产品时不考虑自身的皮肤特点，导致所购产品并不适合自己。

2. 听信他人或受广告宣传影响

不同的人肤质也不同，适合于他人的，不一定适合自己，要根据自己的肤质、年龄及护理目的等有针对性地选购。对于广告宣传，更不可轻易相信。因此，在购买产品前一定要进行甄别，通过该产品在市场上的口碑和信誉度，结合自己的试用效果，判断是否购买。

3. 不停更换产品品牌

如果对该品牌的化妆品使用出现了问题，则要坚决更换；但如果使用效果还好，就不用轻易更换，频繁更换会使皮肤一直处于适应状态，导致过度疲劳，不利于皮肤的养护。

4.购买渠道不正规

问题化妆品往往出自不正规的购买渠道，国家对大型正规商场及超市的商品会进行定期抽检，产品质量相对是有保证的。而采取网购、微商销售或者海外代购等方式购买的化妆品，很难保证产品是正规合格的，若消费者在无法判断其质量优劣的情况下使用了该产品，则会带来很大的安全风险。

5.不认真审核产品标签内容

很多消费者在购买化妆品时并不关心产品标签上的内容，而是单纯听从导购或者销售人员的介绍和推荐，有可能就会买到不合格的产品。因此，购买化妆品时一定要仔细核对包装上的标签标识，如果产品不正规，或有质量问题，有时候在标签的内容上也会有相应的反映。希望通过这样的核对，能及时发现问题产品，提高购买质量。

另外，除了应避免上述不良习惯外，购买化妆品时一定要遵循"一闻、二看、三试用"的环节，尤其购买的是新产品，试用是购买产品时最有效的评判方法。同时，购买化妆品时最好选择合适的量，不要看到大包装打折或听导购员说大包装划算等建议就买大包装，从而出现到了产品的保质期时还有很多产品没有用完的情况。这样只会带来表面上的省钱、实际意义上的浪费，尤其是高价格的化妆品，要选择在估算的期限内能用完的量。

使用化妆品时常见的不良习惯有哪些

有时候，虽然买了一款价格不菲、非常中意的化妆品，但由于不良的使用和保存方法，也会造成使用效果大打折扣。常见的不良使用习惯主要表现在以下几方面。

1.不注意化妆品的使用期限

一般情况下，人们认为产品开封后，只要没过保质期，就不影响产品质量。但实际情况是，一般膏霜和蜜类产品应尽可能在开封后一年至一年半内用完；活肤、养肤类产品最好半年内用完。否则，即便仍在保质期内，可以继续使用，但也失去了其原有的产品效果。

2. 用手挑出的过量化妆品又放回容器内

这是很多消费者容易犯的错误，为了避免浪费，把用手挑出的没用完的化妆品又放回原包装容器内，这样很容易使容器内的化妆品受到污染，从而导致化妆品腐败变质。

3. 痤疮患者过度清洁皮肤

痤疮患者往往皮脂分泌较多，为了改善皮肤的油腻状况，会认为减少油脂可以缓解痤疮症状，因此过度清洁皮肤，使用清洁力较强的产品，并且每天清洁多次，这样做不但不能缓和皮肤症状，反而还会造成皮脂过度分泌，不利于痤疮的改善和恢复。对于痤疮患者，早晚各清洁一次皮肤即可，避免使用碱性、刺激性、清洁效果很明显的化妆品。

4. 清洁皮肤时间过短或过长

清洁皮肤时不能过于仓促，要让清洁类化妆品在皮肤表面充分停留1~2分钟，但不能超过3分钟，并配合按摩，这样才能达到较好的清洁效果。

另外，入睡前一定要完全卸妆、涂抹护肤品。当涂化妆品后，皮肤出现潮红，甚至起一些小疙瘩或者引起红肿，这是化妆品对皮肤的刺激现象，应该立即停止使用。同时，还应注意化妆品的保存问题，保存温度宜在 −5~35℃，并在避光、阴凉、干燥处贮存，特别是活肤、养肤、美白类化妆品最好能保存在冰箱冷藏室内。

（徐　姣）